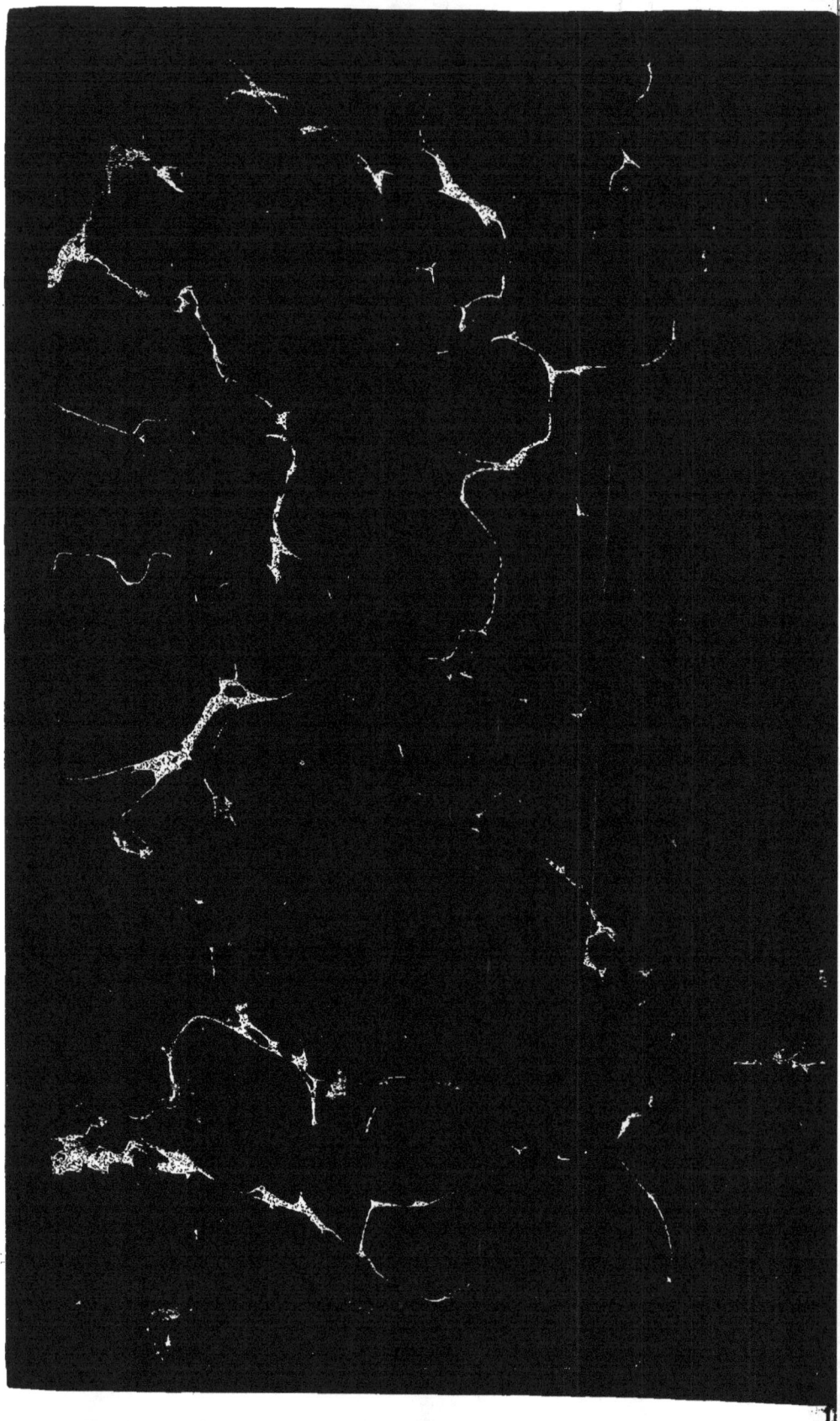

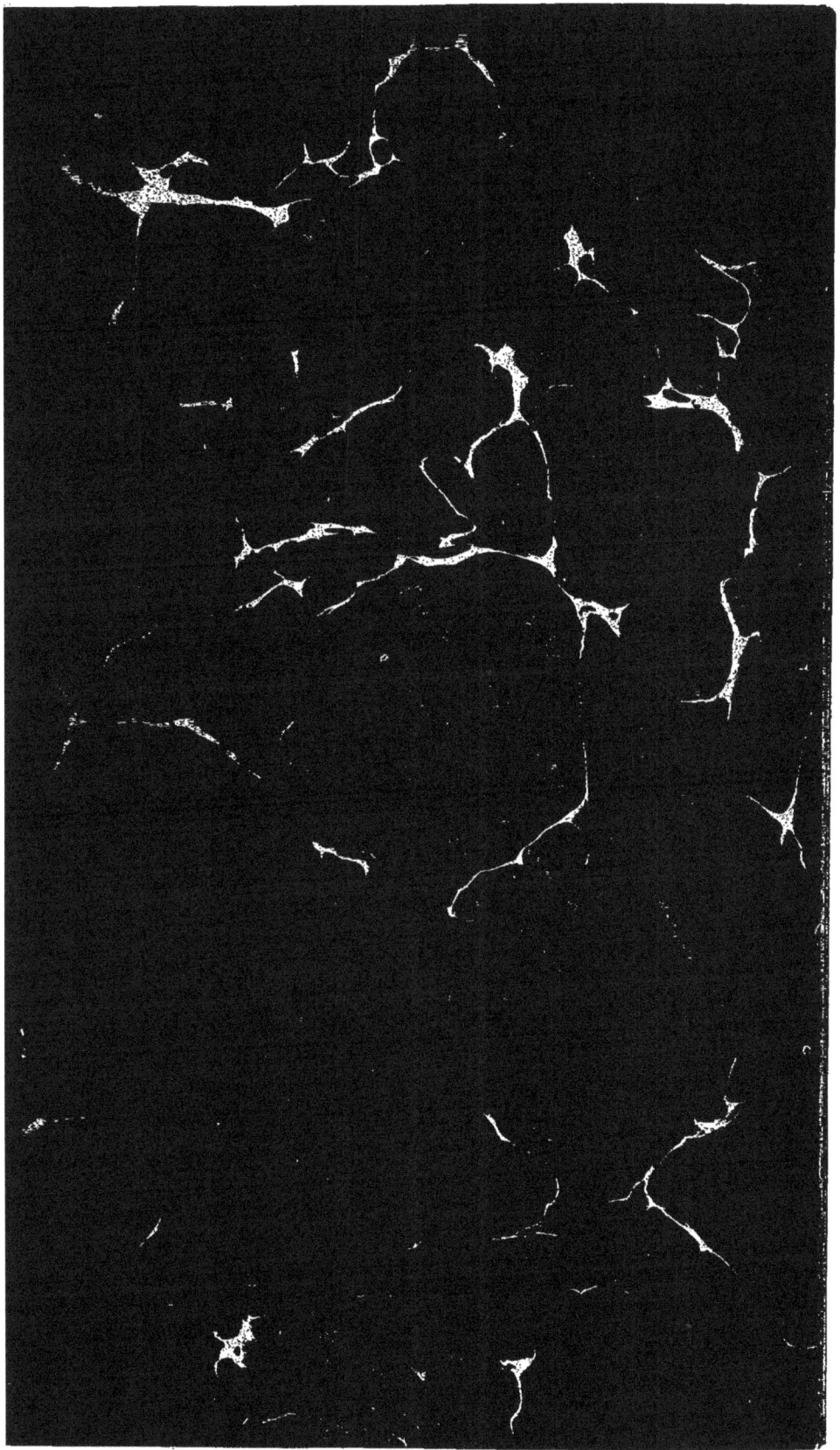

V 37 158

V

l'atlas est in 4°

37 158

GÉOMÉTRIE

PERSPECTIVE.

IMPRIMERIE DE HUZARD-COURCIER,
RUE DU JARDINET, N° 12.

GÉOMÉTRIE

PERSPECTIVE,

AVEC SES APPLICATIONS

A LA RECHERCHE DES OMBRES;

PAR G. H. DUFOUR,

LIEUTENANT-COLONEL DU GÉNIE, MEMBRE DE LA LÉGION-D'HONNEUR
ET SECRÉTAIRE DE LA SOCIÉTÉ DES ARTS DE GENÈVE.

GENÈVE,

BARBEZAT ET DELARUE, LIBRAIRES.

PARIS,

BACHELIER, LIBRAIRE, QUAI DES AUGUSTINS, N° 55.

1827

AVERTISSEMENT.

Je me propose, dans cet Opuscule, de rendre familiers aux artistes les principes de Géométrie sur lesquels repose la théorie des ombres; de leur faire connaître du moins tout ce qui est relatif aux plans, aux surfaces cylindriques et coniques, qui sont en effet les objets dont on a le plus à s'occuper. J'ai pensé qu'en traitant, par les procédés ordinaires de la Perspective, les problèmes de Géométrie, j'en rendrais l'intelligence plus facile, et par cela même l'application plus fréquente.

Les ombres ne sont pas moins nécessaires que les contours apparens, pour faire sentir les formes des corps. Cepen-

dant, si les artistes s'astreignent aux règles
de la Perspective pour le trait des objets
réguliers, il en est peu qui se donnent la
même peine pour la détermination des
ombres : c'est que les règles de la Perspective linéaire sont aisées à comprendre
et d'une application facile, tandis que les
méthodes prescrites pour la détermination
des ombres sont loin de jouir des mêmes
avantages.

On a ordinairement recours aux projections pour déterminer les ombres, soit
des corps sur eux-mêmes, soit des corps
les uns sur les autres; et quand les contours de ces ombres sont trouvés, c'est par
de nouvelles opérations qu'on les représente sur le tableau. Cet intermédiaire,
par lequel on doit passer, dégoûte les artistes, et fait qu'ils préfèrent de simples
approximations, ou des méthodes particulières qui, n'étant point éclairées d'une
bonne théorie, s'oublient facilement.

Le besoin a donné naissance à ces mé-

thodes, dont plusieurs se font remarquer
par leur élégance, et toutes par leur sim-
plicité; il ne leur manque que d'être réu-
nies en corps de doctrine et de se lier à
des principes élémentaires qui les expliquent
et permettent de leur donner un plus grand
développement; c'est ce que j'ai essayé de
faire dans la Géométrie perspective.

Les savans ne trouveront sans doute
rien, dans cet Essai, qui soit digne de leur
attention; mon seul mérite est d'avoir songé
à soumettre aux règles de la Perspective les
opérations de la Géométrie qui en sont
susceptibles; de leur avoir peut-être donné
un degré de clarté qu'elles n'avaient pas
pour tout le monde, et de les avoir mises
ainsi à la portée des personnes les moins
familiarisées avec cette science. Je les ai
peintes aux yeux, et me suis servi, pour
les représenter, des moyens auxquels les
artistes sont le plus accoutumés : j'ai parlé
leur langage pour en être compris.

Ce Mémoire ne suppose pas d'autres

connaissances que celles des élémens de Géométrie et de la Perspective linéaire, mais il exige une assez grande habitude des procédés pratiques de cette dernière science.

GÉOMÉTRIE

PERSPECTIVE.

~~~~~~

PRÉLIMINAIRES.

Je commencerai par expliquer les termes dont je ferai usage, ainsi que les principales propriétés des projections.

Si d'un point A (fig. 1ʳᵉ) on abaisse une perpendiculaire AB sur un plan MN, le pied B de la perpendiculaire est ce qu'on appelle la *projection* du point A sur le plan.

Supposons que le point A se meuve dans l'espace, en entraînant avec lui la perpendiculaire AB, le pied B de cette perpendiculaire décrira sur le plan MN une courbe BD qui sera la *projection* sur ce plan de la courbe AC, parcourue dans l'espace par le point A.

De même qu'on a tracé la courbe BD par une suite de perpendiculaires au plan MN, abaissées

I

des différens points de la courbe AC, on aurait pu mener un système de droites parallèles, inclinées d'une manière quelconque, qui auraient déterminé une autre courbe B'D' qui serait aussi une projection de la courbe AC. La première se nomme *projection orthogonale*, ou simplement projection, se réservant, pour la distinguer de l'autre projection B'D', de dire que celle-ci est oblique et déterminée d'après telle ou telle condition. Ainsi quand on parlera, sans autre explication, de la projection d'une ligne, ce sera toujours de la projection orthogonale.

Les suites de perpendiculaires ou de lignes obliques parallèles qui donnent la projection orthogonale ou oblique, forment des surfaces cylindriques (*) qu'on nomme *surfaces projetantes*.

(*) Le mot de *surface cylindrique* est pris ici dans une acception plus étendue qu'à l'ordinaire; il ne s'applique pas seulement aux surfaces cylindriques dont la base est un cercle, mais aussi à celles dont la base est une courbe quelconque; il se dit en général des surfaces formées par le mouvement d'une ligne droite qui reste toujours parallèle à elle-même, en s'appuyant sur une courbe quelconque. Cette courbe est la *directrice* de la surface.

De même, on appelle *surface conique* celle qui est formée par le mouvement d'une ligne droite qui passe toujours par un point et qui s'appuie sur une directrice quelconque. Le point par lequel passent toutes les droites est le *sommet* ou le *centre* de la surface conique; cette dernière dénomina-

Si la ligne AC, au lieu d'être une ligne courbe, était une ligne droite, la surface projetante serait un plan, et la projection une autre ligne droite. Il résulte de là que les projections de deux lignes parallèles dans l'espace sont aussi parallèles.

On projette ordinairement une même ligne AB (fig. 2) sur deux plans, l'un MP horizontal, l'autre MN vertical. On dit alors que *ab* est la *projection horizontale* de AB, et que *a'b'* en est la *projection verticale*. Quand les architectes représentent un bâtiment en plan et en élévation, ils ne font autre chose que construire ses projections horizontale et verticale, lesquelles sont indispensables, si l'on a pour objet de faire connaître les véritables dimensions des corps : les unes donnent en effet les largeurs et les profondeurs, et les autres les hauteurs.

Les plans MN et MP sur lesquels se font les projections, sont appelés *plans coordonnés*, ou *plans de projection*, et la ligne MM' qui les sépare est

---

tion est employée de préférence quand on considère à la fois les deux *nappes* SABC, S*abc* (fig. 3) de la même surface conique, parce qu'en effet le point S est en quelque sorte le centre autour duquel la droite A*a* a tourné pour engendrer la surface. Si l'on ne considère qu'une seule nappe S*abc*, le point S en est le sommet. On donne le nom de *génératrice* à la droite qui, par son mouvement, forme les deux surfaces dont je viens de parler.

I..

dite la *ligne de terre*. Le plan projetant AB *ab* est vertical : l'autre AB*a'b'*, quoique perpendiculaire sur le plan MN, n'est pas horizontal; je l'appelle *recto-normal*. Ainsi un plan recto-normal est un plan perpendiculaire au plan vertical de projection, comme le plan vertical projetant est perpendiculaire sur le plan horizontal de projection : les deux projections d'une droite sont toujours données par deux plans, l'un vertical et l'autre recto-normal.

La véritable longueur d'une ligne dont on connaît les deux projections est égale à l'hypothénuse d'un triangle rectangle, dont l'un des côtés est la projection horizontale donnée, et l'autre est la différence de hauteur entre les extrémités de la projection verticale donnée. Cette utile proposition se démontre comme suit :

AB (fig. 4) a pour projection horizontale et verticale les deux droites *ab*, *a'b'*. Par le point A menons la ligne AC parallèle à *ab*, et nous formerons un triangle rectangle ACB, dont l'hypothénuse sera la droite AB, et dont un des côtés AC est évidemment égal à la projection horizontale *ab*. Quant à l'autre côté BC, il est égal à la ligne *b'*D, que l'on obtient en menant par le point *a'* l'horizontale *a'*D, car les points C et D se trouvent ainsi à même hauteur, de même que les points B et *b'*. Or la ligne *b'*D est égale à la différence de hauteur des deux extrémités *b'* et *a'* de la projection verticale $a'b'$; donc il est vrai que le second côté BC de l'angle droit est égal à cette différence.

Toutes les fois donc qu'on aura les deux projections d'une ligne droite, on en pourra déterminer, s'il est nécessaire, la véritable longueur, en sorte que les deux projections équivalent à la droite elle-même.

La ligne droite AB et sa projection horizontale ab étant situées dans le même plan vertical, il s'ensuit que cette droite prolongée ne peut rencontrer le plan horizontal de projection MP que quelque part sur la projection horizontale ab prolongée. Il est clair aussi que cette rencontre pourrait ne s'opérer que derrière le plan vertical MN suivant la position de la droite. De même, la droite AB et la projection verticale $a'b'$ étant situées dans un même plan recto-normal, la droite prolongée ne peut rencontrer le plan vertical coordonné MN que quelque part sur la projection verticale $a'b'$ suffisamment prolongée, et la rencontre peut s'opérer au-dessous comme au-dessus du plan horizontal MP.

Il suit de ce qui précède, que si l'on a la direction d'une droite par sa projection Ab (fig. 5), à partir du point A où la droite perce le plan; et si de plus on connaît la hauteur Bb de l'autre extrémité de la droite, la véritable longueur de AB s'obtient en construisant un triangle rectangle, dont un des côtés est Ab et l'autre Bb; et ordinairement cette construction se fait sur le plan MP, en supposant qu'on ait fait tourner le triangle ABb autour de Ab pour le rabattre en AbC. Il est clair alors que les deux côtés Ab et bC étant égaux aux deux côtés Ab et bB, l'hypothénuse AC est égale à l'hypothénuse AB. L'avantage d'un semblable rabattement est de faire servir la ligne Ab elle-même.

Une construction pareille nous donne la droite, quand nous connaissons sa projection verticale, à partir du point où la droite perce le plan, et la distance de son autre extrémité au même plan.

Un plan est déterminé par deux lignes droites : un plan sera donc connu de position lorsqu'on aura les deux intersections AB, AC (fig. 6) avec les plans coordonnés, intersections qu'on appelle les *traces* du plan BAC; la première AB, située sur le plan horizontal de projection, est la *trace horizontale*; la seconde AC, située sur le plan vertical de projection, est la *trace verticale*. Les deux traces se coupent, comme on voit, nécessairement sur la ligne de terre.

La ligne BC n'est point nécessaire pour la représentation du plan, nous la supprimerons donc, et nous nous contenterons d'indiquer un plan par les deux lignes qui le déterminent, c'est-à-dire par ses traces.

Un plan vertical quelconque BAC (fig. 7) a nécessairement sa trace verticale AC perpendiculaire à la ligne de terre; car le plan vertical de projection et le plan vertical donné étant tous deux perpendiculaires au plan horizontal MP, leur

Intersection commune AC doit être perpendiculaire à ce plan, et par conséquent perpendiculaire à la ligne de terre MM'. De même un plan recto-normal DEF a nécessairement sa trace horizontale ED perpendiculaire à la ligne de terre.

On a l'intersection commune AB de deux plans ACB, ADB (fig. 8), en réunissant tout simplement, par une ligne droite, les points A et B où leurs traces verticales et leurs traces horizontales se coupent; car le point A se trouvant à la fois sur la trace AC et sur la trace AD, est sur chacun des deux plans, et par conséquent appartient à l'intersection commune; il en est de même du point B.

Le point A étant dans le plan vertical, se projette sur la ligne de terre en E, en sorte que la ligne BE est la projection horizontale de l'intersection commune des deux plans.

Prenons maintenant un tableau MN (fig. 9) sur lequel la ligne d'horizon XY soit tracée; l'espace compris dans le tableau, entre le côté inférieur du cadre MP et la ligne d'horizon, représente dans toute son étendue le plan horizontal qui passe par MP; car toutes les figures tracées sur ce plan, et mises en perspective par les procédés ordinaires, auront leur représentation entre le cadre et la ligne XY. Cela étant, si nous supposons des plans verticaux parallèles au tableau, leurs intersections avec le plan horizontal seront des droites parallèles à la ligne d'horizon, situées au-dessous d'elle, et s'en approchant d'autant plus que les plans seront plus éloignés, de telle sorte que le plan vertical infiniment éloigné sera le seul dont la trace se confondra avec la ligne d'horizon XY. C'est ce plan que j'appellerai le *fond du tableau*. La ligne d'horizon XY, séparant le plan horizontal du fond du tableau, représente donc la ligne de terre des géomètres.

D'après cela il est clair que si l'on voulait fixer un plan en perspective, il suffirait de se donner les deux traces AB, AC, l'une AB dans le fond du tableau, et l'autre AC sur le plan horizontal. C'est ce que nous ferons dans la suite. Nous nous bornerons à ce qui précède pour les définitions préliminaires.

PRINCIPES.

De la ligne droite et du plan.

1. Toute la science de la Perspective repose, comme on sait, sur le principe (*), *que les lignes parallèles représentées sur le tableau concourent en un point; et ce point n'est autre chose que l'intersection avec le tableau d'une droite menée par*

(*) *Voyez* les notes.

*l'œil, parallèlement au sysème des lignes repré-
sentées.*

2. On peut généraliser le principe, et en tirer
des conséquences utiles pour la pratique : *Tous les
plans parallèles mis en perspective ont une ligne
de concours.*

En effet, imaginons deux systèmes de droites
parallèles : le premier a, dans sa représentation,
un point de concours, que nous désignerons par s;
le second en a un autre, que nous appellerons s'.
Or, parmi l'infinité de droites qui composent les
deux systèmes, on en peut prendre deux qui se
couperont et détermineront un plan; et ce plan,
mis en perspective, passera par s et s', puisque les
deux droites y passent aussi; c'est-à-dire que son
intersection avec *le fond du tableau* sera une
droite ss'.

Ce que nous venons de dire pour les droites dont
nous avons parlé, peut s'appliquer à deux autres
droites faisant également partie des deux systèmes
de lignes parallèles, et déterminant, comme les
premières, un second plan qui coupera aussi le
fond du tableau suivant la droite ss'. Donc tous
les plans parallèles ont, en perspective, une ligne
de concours.

3. Nous donnerons le nom de *trace verticale*
commune, à la ligne ou *trace de concours* de tous
les plans parallèles d'un même système.

Les intersections de ces plans avec le plan hori-

zontal sont des droites parallèles; ainsi, elles auront
un point de concours lorsqu'elles seront mises en
perspective; et comme elles sont horizontales, ce
point de concours sera sur la ligne d'horizon : d'un
autre côté, il ne peut pas être ailleurs que sur la
trace verticale commune; donc il est à l'intersection de ces deux lignes.

Ainsi, dans le tableau MN (fig. 10), la ligne
d'horizon étant XY, et la ligne AB étant la trace
verticale commune d'un système de plans parallèles, les lignes AG, AC′, AC″, etc., seront les
traces horizontales qui serviront à représenter autant de plans du système. Ainsi BAC sera le premier; BAC′ le second, et ainsi de suite; tous plans
parallèles par ce seul fait, qu'en perspective, ils ont
une trace verticale commune.

4. Un plan *vertical* a sa trace verticale AB
(fig. 11) toujours perpendiculaire à la ligne d'horizon, sa trace horizontale AE pouvant être quelconque.

Un plan *horizontal* a pour trace de concours la
ligne d'horizon elle-même; cette ligne est donc
tout-à-la-fois sa trace verticale et sa trace horizontale, et ne suffit point pour le déterminer; il faut
alors avoir, en outre, l'intersection du plan avec le
tableau, laquelle sera toujours une droite parallèle à
la base de ce tableau, et à une hauteur égale à celle
du plan lui-même : ainsi les deux lignes *mn* et *xy*
prises ensemble, déterminent et représentent un

plan horizontal, élevé de la quantité nT au-dessus du plan horizontal qui passe par le pied du tableau, et qui est celui sur lequel sont tracées toutes les intersections ou traces horizontales des plans qu'on veut représenter; c'est celui qui remplace le plan horizontal de projection dans la Géométrie descriptive, de même que le fond du tableau remplace le plan vertical de projection. La ligne d'horizon joue ainsi, dans la Perspective, le même rôle que la ligne de terre dans la Géométrie descriptive.

Un plan *recto-normal* (*) est caractérisé par la direction de ses deux traces, qui toujours vont au point de vue; car le plan recto-normal étant perpendiculaire au plan vertical, sa trace verticale, qui est en même temps la trace de concours de tous les plans qui lui sont parallèles, doit passer par le point de concours des lignes recto-normales, ou perpendiculaires au tableau. Or, ce point de concours n'est autre chose que le point de vue D; donc la trace verticale CD y doit passer : mais les deux traces se coupent toujours sur la ligne d'horizon; donc ces deux traces passent au point de vue. Du reste, elles peuvent avoir des directions quelconques

(*) J'appelle ainsi tout plan qui est perpendiculaire au plan vertical de projection, ou au fond du tableau. *Voyez* les Préliminaires.

pour représenter tous les plans recto-normaux possibles.

5. Une droite est connue de position lorsqu'on a deux de ses points. Dans la plupart des cas, ces deux points seront donnés par la forme et la position du corps auquel la ligne appartient; mais quand on prendra une droite isolée et indéfinie, les points que nous choisirons pour en déterminer la position seront son intersection avec le plan horizontal, et son *point de concours*, c'est-à-dire le point de concours dans la perspective du système de droites qui lui sont parallèles et dont elle fait partie (*). Ainsi (fig. 11) PQ est une droite connue de position quand on a son point de concours Q et son intersection P avec le plan horizontal, intersection qu'on peut appeler la *trace* ou le *pied* de la droite. Si la droite avait une inclinaison contraire, le point Q serait en-dessous de la ligne d'horizon.

6. La projection de la droite sur le plan horizontal passe par le point P, et par le point R, pied de la perpendiculaire abaissée du point Q sur

(*) Pour abréger, nous dirons le point de concours d'un système de droites parallèles, ou la trace de concours d'un système de plans parallèles, au lieu de point de concours des perspectives de ces droites, ou trace de concours des perspectives de ces plans, parce qu'en parlant de droites ou de plans parallèles, ce sera toujours de leurs représentations qu'il s'agira.

la ligne d'horizon ; ainsi, en même temps que le point Q est le concours des droites PQ, P′Q, etc., le point R, projection de Q, est le concours de leurs projections PR, P′R, etc. ; et la droite QR est la trace de concours de tous les plans verticaux PRQ, P′RQ, etc., qui sont les plans projetans de ces droites.

La ligne qui joint le point de concours Q avec le point de vue D peut être considérée comme la projection verticale de la droite PQ ; car le point Q, étant situé dans le fond du tableau, se confond avec sa projection, et le point P se projette en D, puisque toute perpendiculaire abaissée sur le tableau ou sur son parallèle, mise en perspective, va concourir au point de vue. En d'autres termes, DQ est la projection verticale de PQ, parce c'est l'intersection du plan projetant QDP avec le fond du tableau.

On voit par là que toutes les droites parallèles PQ, P′Q, etc., n'ont qu'une seule et même projection verticale, DQ passant par le point de vue et par le point de concours du système.

7. Moyennant ces conventions, on peut résoudre avec la plus grande facilité les problèmes suivans, choisis parmi ceux que Monge a traités dans sa Géométrie descriptive.

PROBLÈME. *Mener par un point une droite parallèle à une droite donnée.*

Soit A le point donné (fig. 12), et CD la droite,

ayant pour trace le point C, et pour concours le point D.

La ligne cherchée devant être parallèle à la ligne donnée, devra, en perspective, concourir au même point D; et comme d'ailleurs elle doit passer par le point A, il n'y a qu'à mener la ligne AD, et le problème est résolu.

8. On pourrait demander le pied de la ligne AD; on ne le pourra trouver que dans le cas où la hauteur du point A au-dessus du plan horizontal sera connue : alors par le pied B de la verticale AB, qui mesure cette hauteur, et par le point F, on construit la projection de AD, laquelle, prolongée, rencontrera la ligne AD au point demandé G.

Si la ligne AB se trouvait égale à la ligne DF, la ligne AD serait parallèle à BF, et il n'y aurait pas de point de rencontre; cependant la ligne AD, en perspective, ne concourant pas au même point avec sa projection, ne lui est pas parallèle dans l'espace; si elle ne lui est pas parallèle, elle doit la rencontrer. Cette difficulté tient à ce que la droite qui joint ce point avec l'œil, et qui doit en donner la perspective, est parallèle au tableau et ne donne pas d'intersection. Tous les points de la droite, menés par le pied du spectateur parallèlement au tableau, sont dans ce cas; ils n'ont pas de perspective, ou, ce qui est la même chose, leur perspective est à l'infini.

A mesure que la ligne GD se relève, le point G s'éloigne de la ligne d'horizon jusqu'à l'infini; et si la droite se relève encore, ce point paraîtra tout à coup en-dessus de la ligne d'horizon, et s'en ap- prochera toujours plus, à mesure que la droite se relèvera.

Ces derniers points sont la représentation des pieds des droites qui se trouvent situées derrière le spectateur, et le passage par l'infini indique l'im- possibilité de cette représentation, dans l'accep- tion ordinaire du problème de la perspective.

Nous nous servirons toutefois, dans nos construc- tions géométriques, de ces points, dont le peintre ne fait ordinairement aucun usage, et qui corres- pondent aux traces des droites derrière le plan ver- tical, dans la Géométrie descriptive. Nous dirons, lorsqu'une droite aura ainsi son pied en-dessus de la ligne d'horizon, qu'elle rencontre le plan hori- zontal derrière le fond du tableau; expression qui, par son inexactitude même, rappellera le cas qui nous occupe. Telle est la droite A'G', qui ren- contre le plan horizontal en G'. Remarquez que le point A' doit correspondre à B', pour que B'G' soit la projection de A'G'.

9. PROBLÈME. *Trouver l'intersection de deux plans*.

Soient ABC et DEF (fig. 13), les deux plans donnés, leur intersection commune est évidem- ment la droite *mn*, qui joint les intersections des deux traces.

Si l'un des deux plans était le tableau lui-même,

et que le second fût DEF, l'intersection FK serait parallèle à la trace DE; car les intersections de deux plans parallèles par un troisième sont des lignes parallèles; et comme, en même temps, ces droites sont parallèles au tableau, elles restent parallèles en perspective.

Si les deux plans sont verticaux, leur intersection commune sera une verticale qui passera par le point où les deux traces horizontales se coupent.

Quand les deux plans sont recto-normaux, tels que ARB, CRD (fig. 14), l'intersection commune ne peut pas se trouver par la méthode précédente, parce que leurs différentes traces passant par le point de vue R (n° 4), ne donnent pas d'autre point de l'intersection commune. On se tire de cette difficulté en construisant parallèlement à AR et CR, les lignes BI et DI, suivant lesquelles les plans en question coupent le tableau : alors le point I appartient évidemment à l'intersection commune, laquelle est par conséquent IR.

On voit par là qu'il y a quelque avantage à se donner ces sortes de plans par leurs traces sur le tableau, plutôt que par leurs traces dans le fond du tableau. C'est aussi ce qu'on fait dans la pratique. La ligne d'intersection IR représente une ligne perpendiculaire au tableau, une recto-normale, puisqu'elle va concourir au point de vue; c'est qu'en effet, deux plans recto-normaux se coupent suivant une ligne recto-normale.

10.**Problème.** *Trouver l'intersection d'une droite avec un plan.*

Soit ABC (fig. 15) le plan, et DE la droite. Par cette droite, nous ferons passer un plan vertical; sa trace horizontale sera MND, projection de la droite; sa trace verticale sera NE, perpendiculaire à la ligne d'horizon, et passera par le point de concours E de la droite. Ce plan vertical coupe le proposé suivant la droite MP (n° 9), laquelle rencontre la ligne donnée au point demandé O; car cette dernière étant avec elle dans le même plan vertical, le point O est tout-à-la-fois sur le plan ABC et sur la droite ED.

Si la droite donnée est verticale, comme ED (fig. 16), on peut par cette droite faire passer une infinité de plans verticaux dont les différentes traces passeront par le pied D de la droite. Chacun de ces plans peut résoudre le problème; mais celui qui est en même temps parallèle au tableau le résout de la manière la plus simple, parce que, pour celui-là, la trace horizontale MD est parallèle à la ligne d'horizon XY, et l'intersection MO avec le plan donné est parallèle à la trace verticale AB de ce plan. Ainsi, dans ce cas particulier qui se présente souvent, l'opération se réduit à mener par le pied D de la verticale une ligne DM parallèle à XY, et par le point M où cette droite coupe la trace BC, une ligne MO parallèle à la trace BA; l'intersection O de cette dernière ligne avec

2

ED donne le point où la verticale perce le plan.

11. Le plan donné pourrait être le tableau lui même, ou tout autre plan parallèle, et ce cas se présente souvent. Voici, en conséquence, comment la construction se modifie : AB (fig. 17) est la droite donnée, CD est sa projection; le plan vertical BDC qui passe par la droite coupe le tableau suivant la verticale PQ; car la trace du tableau sur le plan horizontal étant MN, le point P appartient à l'intersection commune, et cette intersection devant être parallèle à BD, est la verticale PQ; mais la droite BA rencontre cette verticale en O, donc ce point est celui qu'on cherche.

12. PROBLÈME. *Faire passer un plan par un point et par une droite.*

Soit PQ la droite donnée (fig. 18), et PD sa projection; soit A le point élevé de la quantité AB au-dessus du plan horizontal. Par ce point, nous mènerons une droite parallèle à la droite donnée : il est clair qu'elle sera dans le plan cherché, et qu'ainsi la trace horizontale du plan passera par le pied de cette nouvelle droite comme par le pied P de la droite donnée. Or, la nouvelle ligne doit avoir le même point de concours que PQ; donc c'est AQ; et sa projection est BD; ainsi son pied est en C, et PC est la trace horizontale du plan cherché. Quant à la trace verticale, elle passe par le point R sur la ligne d'horizon, et par le point de concours Q de nos deux droites ren-

fermées dans le plan : donc QPR est le plan demandé.

13. PROBLÈME. *Faire passer un plan par deux
droites.*

Soient AB, CD ces deux droites (fig. 19), qui se
coupent en C ; soit A le concours de la première, B
son pied; soit enfin le concours de la seconde en D,
d'où résulte que le point E, intersection de la droite
CD avec sa projection GF, en est le pied (n° 8).

Cela posé, le plan demandé doit passer par les
deux points de concours A et D, puisqu'il renferme
les deux droites; donc sa trace verticale est AD.
D'un autre côté, la trace horizontale doit passer
par le pied B de la première droite et par le point I,
où la trace AD coupe la ligne d'horizon (n° 4); donc
IB est cette trace horizontale, laquelle doit aussi
passer au point E, pied de la droite CD, ce qui
est un moyen de vérification.

On voit par ce qui précède que lorsque deux
droites AB, CD se coupent dans l'espace en un
point C, leurs projections se coupent elles-mêmes
en un point G, situé verticalement au-dessous du
point C dont il est la projection, et qu'ainsi deux
droites prises au hasard ne se coupent ordinairement pas, bien que leurs perspectives se croisent.

14. Le problème de *mener par une droite un
plan parallèle à une autre droite* se ramène au
précédent; en effet, par un point quelconque de la
première droite, on construit une ligne parallèle

2..

à la seconde (ce qui se fait par le premier ploblème);
et par ces deux droites on construit un plan comme
ci-dessus : c'est le plan demandé ; car, premièrement, il passe par la première droite donnée; et en
second lieu, il est parallèle à l'autre droite, puisqu'il contient une ligne parallèle à cette dernière.

15. Problème. *Faire passer par un point un
plan parallèle à un autre plan.*

Soit A le point donné (fig. 20), à une hauteur
AE au-dessus du plan horizontal ; soit aussi BDC
le plan donné. Puisque le plan demandé doit lui
être parallèle, il aura même trace de concours
BD (n° 2) ; sa trace horizontale passera donc en D,
et il ne s'agit plus que d'en trouver un autre point.
Pour cela, nous imaginerons par le point A une
droite parallèle à la trace BD; elle sera dans le plan
cherché : or, comme elle est aussi parallèle au tableau, elle restera parallèle à BD, dans la représentation. La ligne EF parallèle à l'horizon, et passant par la projection E du point donné, sera la
projection horizontale de la droite AF; et par conséquent le point F sera le pied de cette droite par
lequel la trace du plan cherché doit passer. Le plan
demandé est donc BDG.

16. Problème. *Partager une droite en un nombre
donné de parties égales.*

Soit AB (fig. 21) la ligne donnée, et *ab* sa projection : supposons qu'il faille la partager en cinq
parties égales.

Nous mènerons par le point *a* une horizontale indéfinie *a*C parallèle au tableau, sur laquelle nous porterons de *a* en C cinq parties égales d'une longueur arbitraire; nous joindrons le dernier point de division C avec l'autre extrémité *b* de la projection, par une droite qui ira rencontrer en D la ligne d'horizon. De ce point D, nous mènerons des droites aux points de division de la ligne *a*C, lesquelles, en passant, couperont la projection *ab* en parties décroissantes qui représenteront des parties égales dans la réalité; et, par conséquent, si, par tous les points de division de la projection, on élève des verticales, elles couperont la ligne donnée AB en parties qui représenteront des portions égales.

Pour démontrer que les divisions de *ab* sont la représentation de divisions égales, il nous suffit de remarquer que les différentes lignes qui concourent en D représentent des lignes parallèles, lesquelles passant par des points équidistans sur la ligne horizontale *a*C, seront elles-mêmes équidistantes. La ligne *ab* est une sécante au travers de ces parallèles, donc elle est coupée en parties égales.

17. PROBLÈME. *Construire un plan perpendiculaire à une droite et passant par un point donné de cette droite.*

Soit BC (fig. 22) la droite donnée; G son point de concours, B son pied; soit A le point de cette ligne par lequel il faut construire le plan perpendiculaire.

Nous aurons besoin des deux projections de la droite pour résoudre le problème. Joignons donc B avec E pour avoir la projection horizontale, et le point G avec le point de vue R pour avoir la projection verticale GRK (n° 6), le point *a* sera ainsi la projection horizontale du point A.

Il faut savoir maintenant que la trace horizontale FN du plan cherché doit être perpendiculaire à la projection EI de notre droite (*), et que la trace verticale FM doit l'être également sur la projection GK de la droite.

Or, dans le fond du tableau et dans tout autre plan parallèle, les figures représentées restent semblables à elles-mêmes, et les angles que font les droites ne sont pas changés; ainsi l'angle que fera la trace FM avec la projection RK sera un angle droit dans la perspective comme dans la réalité. Il n'en est pas de même sur le plan horizontal, où, à cause du fuyant, la figure perspective diffère tou-

---

(*) En effet, le plan projetant de la droite AC étant vertical, est perpendiculaire sur le plan horizontal; de plus, il est perpendiculaire au plan cherché, puisqu'il passe par la ligne AC perpendiculaire à ce dernier. Or, quand un plan est perpendiculaire à deux autres, il est perpendiculaire à leur intersection commune; donc le plan projetant de AC est perpendiculaire sur FN, et par conséquent sa trace EI est aussi perpendiculaire sur FN. On démontre de même que la trace verticale du plan doit être perpendiculaire à la projection verticale de la droite.

jours beaucoup de la forme réelle de l'objet représenté.

Cela étant posé, par le point donné A, nous imaginerons un plan parallèle au tableau, lequel aura pour trace la ligne *a*H, parallèle à XY, et coupera le plan cherché suivant une droite AH, perpendiculaire sur RK; car AH doit être, d'après ce que nous avons dit, parallèle à la trace cherchée FM. Ainsi le point H appartient à la trace horizontale du plan cherché. Il ne s'agit plus que de trouver la direction de HF de manière à représenter une droite perpendiculaire à EI dans le plan horizontal. Pour cela, D étant le point de distance, on porte RD en RO, on joint OE, on élève la perpendiculaire OF sur OE, et l'on a, par l'intersection F avec la ligne d'horizon XY, le point de concours de la trace horizontale NF. (*Voyez* les notes *i.*) Il ne reste plus qu'à abaisser du point F la perpendiculaire FM sur RK, pour avoir la trace verticale du plan cherché MFN, et que le problème soit par conséquent résolu.

Ce problème, dont la solution est assez compliquée, n'est heureusement pas d'une application fréquente aux besoins de la Peinture.

18. Il est quelquefois nécessaire de trouver les traces d'un plan dont on connaît trois ou un plus grand nombre de points, par exemple, celui d'une courbe donnée dans l'espace, avec sa projection sur le plan horizontal. Pour cela, on choisit sur la

courbe trois points à volonté, ainsi que leurs correspondans sur sa projection. On réunit ces points par deux droites, et dans le plan de la courbe et sur sa projection; on a ainsi tout ce qu'il faut pour déterminer les intersections de ces droites avec le plan horizontal, et avec le fond du tableau; et c'est par ces intersections que les traces cherchées doivent passer.

Des surfaces cylindriques et coniques.

19. On n'a pas seulement à s'occuper dans les constructions de la perspective de lignes droites et de plans, il faut encore résoudre souvent des questions relatives aux surfaces cylindriques et coniques.

Or les premières, les surfaces cylindriques, seront déterminées par leur trace sur le plan horizontal ou sur tout autre plan, et par le point de concours de leurs génératrices. Les surfaces coniques seront représentées par leur trace sur un plan quelconque et par leur sommet.

Ces deux espèces de surfaces auront donc même apparence en perspective, et il n'y aura de différence qu'en ce que le point de concours pour les génératrices des premières sera toujours dans le fond du tableau, tandis que celui des secondes se trouvera à une distance plus ou moins rapprochée.

On peut aussi résoudre plusieurs problèmes sur ces surfaces.

20. PROBLÈME. *Trouver l'intersection d'une droite avec une surface cylindrique.*

Soit ABCD (fig. 23) la base ou la trace de la surface cylindrique sur le plan horizontal, S le point de concours de ses génératrices, MN la droite donnée qui a son pied en M et son concours en P.

Nous ferons passer par cette droite un plan parallèle aux génératrices du cylindre; sa trace verticale sera SP (n° 11), et sa trace horizontale sera QM, car elle doit passer par le pied M de la droite et par le point Q où la trace verticale SQ coupe la ligne d'horizon. Or cette trace horizontale coupe en C et A la trace du cylindre; donc le plan lui-même coupe le cylindre suivant les deux génératrices AS et CS, qui sont croisées en x et y par la droite MN; ce sont donc là les deux points demandés, car ils sont tout-à-la-fois et sur la droite et sur le cylindre.

21. Lorsque le cylindre est droit, la ligne PQ devient verticale comme les génératrices, et le reste de la construction est comme ci-dessus.

22. Si le cylindre est horizontal (*), il faut alors modifier le procédé de la manière suivante.

On cherche d'abord l'intersection de la droite donnée MN (fig. 24) avec le plan de la base que

_____

(*) On reconnaît que le cylindre est horizontal, à ce que ses génératrices ont leur point de concours sur la ligne d'horizon.

je suppose vertical et représenté par sa trace horizontale PQ. Pour cela, on fait passer par la droite un plan vertical, dont la trace horizontale sera TMR, si M est le pied de la droite et G son point de concours (n° 10). Ce plan vertical coupe le plan de la base du cylindre suivant la verticale RN, donc N est le point cherché.

Maintenant, si par la droite nous imaginons un plan parallèle aux génératrices, sa trace horizontale sera SM, car elle doit passer par le point de concours S des génératrices et par le pied M de la droite; et son intersection avec la base du cylindre sera par conséquent la ligne PN.

Or, PN coupe la courbe base du cylindre aux deux points A et B; si donc nous menons les lignes AS et BS, ce seront les génératrices de section du plan NPS qui passe par la droite avec le cylindre; donc enfin les points x et y sont les points demandés.

Le plan PNQ de la base du cylindre pourrait être parallèle au tableau, c'est même le cas le plus fréquent dans les applications; alors la ligne NP s'obtient directement en menant par le point N une parallèle à SG, parce que ces deux lignes sont alors les intersections de deux plans parallèles par un troisième.

23. PROBLÈME. *Trouver l'intersection d'une droite avec une surface conique.*

Soit SABC (fig. 25) la surface conique dont le

sommet est S et se projette en *s*; soit DE la droite donnée, dont le pied est D et le concours E.

Par le point S et par la droite DE nous ferons passer un plan qui coupera la surface conique suivant deux droites, et les intersections de ces droites avec la proposée seront les points demandés.

Or, pour construire ce plan, il faut (n° 12) joindre le point S avec le point E par une droite, laquelle ayant pour projection horizontale *s*F, aura son pied en G : c'est par ce point que la trace horizontale du plan cherché doit passer; car la ligne SE représente une parallèle à DE, puisqu'elle a avec elle le même point de concours. La trace horizontale doit aussi passer par le point D ; donc elle est déterminée ; et comme cette trace rencontre en A et B celle du cône, les droites SA, SB sont les génératrices de section du plan avec le cône : donc les points *x* et *y* sont les points demandés.

24. PROBLÈME. *Trouver l'intersection d'un cylindre avec un plan.*

Soit SABCD le cylindre, et MNP le plan donnés (fig. 26).

Nous couperons le cylindre et le plan par une suite de plans verticaux parallèles aux génératrices; ils auront pour trace commune la verticale S*s*, car S est le point de concours de toutes les génératrices. Menant donc par le point *s* des droites *s*A, *s*B, *s*C, etc., ce seront les traces horizontales d'autant de plans coupans. Chacun de ces plans, le plan S*s*B

par exemple, coupe le cylindre suivant deux génératrices SB, SD, et le plan donné suivant une
droite GF, passant par le point G, et dirigée au
point de rencontre O des traces verticales Ss, MN,
des deux plans MNP et SsB (n° 9). Cette ligne GF
rencontre les deux génératrices SB, SD, en deux
points x et y qui sont à la courbe cherchée.

Faisant la même chose pour tous les plans de la
série, on aura autant de points qu'on voudra de la
courbe cherchée, et il sera ensuite facile de la
tracer en réunissant tous ces points. On doit remarquer que toutes les intersections, telles que
GF, vont concourir au même point O; elles sont
en effet la représentation d'une suite de droites
parallèles, résultant de l'intersection de plusieurs
plans verticaux parallèles par un plan trans-
versal.

Lorsque les deux points D et B viennent se réunir en un seul A, le plan SsA n'est plus sécant,
mais simplement tangent au cylindre suivant la
génératrice Aa. Alors la droite correspondante Oa
n'ayant non plus qu'un seul point commun a avec
la courbe, lui est tangente, et par conséquent
donne une limite au-delà de laquelle la courbe ne
doit pas s'étendre. On trouve une semblable limite
de l'autre côté, en menant du point s une seconde
tangente à la courbe ABCD.

25. Si le cylindre est horizontal, on n'aura pas
sa trace, ce que suppose cependant la construction

précédente; il s'agit donc de la modifier pour le cas dont il s'agit.

Soit SABCD (fig. 27) le cylindre horizontal dont le point de concours est par conséquent sur la ligne d'horizon xy; soit MNO le plan coupant, et PQ la trace du plan de la base du cylindre, supposé vertical. Nous imaginerons, comme ci-dessus, une série de plans verticaux, tels que MSP, parallèles aux génératrices; chacun d'eux coupe le plan de la base du cylindre suivant une verticale PA, et par conséquent le cylindre lui-même suivant les génératrices SA, SB.

Mais le même plan de la série coupe le plan donné MNO suivant la droite MR, laquelle croise en x et y les deux génératrices; donc ces deux points appartiennent à la courbe cherchée.

On a de la sorte autant de points qu'on le désire, et la courbe est tracée. On fera les mêmes observations que ci-dessus, relativement aux deux tangentes qui doivent servir de limites à la courbe.

26. Il est encore possible que le cylindre, quoique incliné, ne soit pas donné par sa trace horizontale, mais par sa base, qui elle-même serait dans un plan incliné à l'horizon, comme cela arrive lorsqu'on représente un tronçon de colonne appuyé obliquement contre un objet qui le soutient.

Voici ce qu'il y aura à faire dans ce cas :

Soit SABCD (fig. 28) le cylindre; on connaît ordinairement alors la trace horizontale MN du plan de la base et la projection horizontale de la courbe, parce qu'une semblable perspective suppose toutes ces choses ; mais on n'a pas la trace verticale NQ du même plan, et préalablement il la faut trouver. Pour cela, par le point A, dont on a par hypothèse la projection A', on mène la droite AN qui représente une parallèle à la trace MN ; on cherchera, par le procédé du n° 11, le point I où elle perce le tableau dont la base est MH.

Alors la ligne MP, qui passe par le point I, sera l'intersection du plan de la base avec le tableau ; car les deux points M et I sont les intersections de deux droites situées dans le plan cherché, avec le même tableau. La trace NQ devant être (n° 9) parallèle à MP, est complètement déterminée.

Soit maintenant EFG le plan coupant : on emploiera, comme ci-dessus, une suite de plans verticaux tels que SULK, parallèles aux génératrices du cylindre. Ces plans donneront, dans le plan EFG, des droites, telles que OR, dirigées au point O, concours de toutes les lignes d'intersection des plans verticaux qui ont pour trace commune SU, et du plan donné dont la trace verticale est GFO. Ces mêmes plans de la série donneront sur le plan de la base du cylindre des droites, telles que AKT, dirigées au point T, rencontre de la trace commune de tous nos plans verticaux avec la trace NQ du plan de la base. On connaît donc ainsi les deux génératrices SA et SK suivant lesquelles chacun

des plans de la série coupe le cylindre; ces génératrices sont croisées aux points x et y par la ligne
OR, donnée par le même plan SULK dans le plan
coupant EFG; et ces deux points appartiennent à
la courbe cherchée.

Menant d'autres plans verticaux, on aura dans
le plan EFG d'autres droites, et sur le cylindre
d'autres génératrices qui, par leurs intersections
respectives, donneront autant de points qu'on
voudra de la courbe demandée.

27. Si dans le cas que nous examinons le plan
coupant EFG, au lieu d'être quelconque, est le
plan horizontal lui-même, le problème revient à
trouver la trace horizontale du cylindre, ce qui
peut souvent être utile; il se résout avec la plus
grande facilité, et les différens points de la courbe
s'obtiennent par les intersections des génératrices
SA prolongées et des traces UK correspondantes,
on y gagne de n'avoir point à tracer les lignes OR.

28. Problème. *Trouver l'intersection d'une surface conique avec un plan.*

SABCD (fig. 29) est la surface conique; son
sommet se projette en S'; MNP est le plan donné.

Nous couperons le cône et le plan par une
suite de plans verticaux passant par le sommet,
tels que SS'B; ces plans auront pour commune intersection la verticale SS', et par conséquent leurs
tracés horizontales passeront toutes par le point S'.
Chacun de ces plans donne sur la surface conique

deux droites telles que SA, SB, et sur le plan des droites telles que Gx, qui, par leur rencontre avec les génératrices correspondantes, donneront chacune deux points x et y à la courbe cherchée. Ce sont ces droites Gx, dont on ne connaît encore qu'un seul point O (rencontre de la trace S'B avec la trace MN), qu'il s'agit de trouver.

Je remarque d'abord que tous nos plans verticaux ayant pour commune section la verticale SG, leurs intersections avec le plan donné MNP passeront toutes par le point G où cette verticale rencontre le plan; or, pour le trouver, il suffit (n° 10) de couper le plan MNP par un plan vertical SS'E parallèle au tableau, ou, en d'autres termes, de mener S'E parallèle à XY, et par le point E la ligne FG parallèle à la trace NP; l'insersection de cette dernière droite avec la verticale SG donne le point cherché G. Le problème est ainsi résolu.

29. PROBLÈME. *Trouver l'intersection de deux surfaces cylindriques.*

Pour simplifier un peu les constructions, nous supposerons qu'une des deux surfaces cylindriques soit droite.

Soit donc SABCD (fig. 3o) une de ces surfaces, EFGHIK l'autre. Nous couperons les deux surfaces cylindriques par une suite de plans parallèles à la fois aux deux axes de ces cylindres, c'est-à-dire, dans le cas actuel, par une suite de plans verticaux dont la trace commune sera SS', puisque cette trace doit passer par le point de concours des génératrices du premier cylindre; leurs traces horizontales seront des droites telles que S'A, passant toutes par le point S' où la trace de concours SS' rencontre la ligne d'horizon. Chacun de ces plans coupe la première surface suivant deux droites telles que SA, SC, et la seconde suivant deux autres droites telles que EH, FI, lesquelles en croisant les premières, donnent quatre points x, y, x', y', dont les deux premiers appartiennent à la courbe d'entrée et les deux autres à la courbe de sortie.

En répétant la construction, on a autant de points qu'on le désire.

3o. Les deux cylindres, au lieu de se pénétrer l'un l'autre, pourraient ne faire que s'entamer, comme on le voit dans la figure 31; alors les deux courbes d'entrée et de sortie se réunissent en une seule que l'on appelle courbe d'*arrachement*.

On reconnaît *à priori* s'il doit y avoir arrachement ou pénétration : lorsque les deux plans extrêmes SS'B, SS'D, dont les traces sont tangentes à la base du premier cylindre, coupent la base GEF du second, il y a pénétration; si l'une d'elles seulement coupe la base GEF, tandis que l'autre passe en dehors, il y a simple arrachement. Les cylindres ne se couperaient pas du tout si les deux traces S'B, S'D passaient toutes deux du même côté de la base du second cylindre sans la couper.

3

(34)

31. C'est pour simplifier les constructions, avons-nous dit, que nous avons supposé, au n° 29, un des deux cylindres vertical. Néanmoins, le procédé que nous avons suivi est tout-à-fait général; car dans le cas où le second cylindre aurait aussi un point de concours, la trace commune à tous les plans coupans, au lieu d'être verticale comme ci-dessus, passerait par les points de concours des deux surfaces, et serait également déterminée; elle donnerait un autre point que S' sur la ligne d'horizon, par lequel on mènerait également des droites SA, SB, etc., pour représenter les traces horizontales des plans coupans; et les constructions ne différeraient des précédentes qu'en ce que les génératrices de section sur la seconde surface, au lieu d'être parallèles, iraient concourir en un point.

32. Il peut arriver qu'un des cylindres soit horizontal et que par conséquent il n'ait pas de trace; le problème offre alors quelques particularités qu'il faut examiner.

Soit SABC (fig. 32) le premier cylindre, et TDEF le second, celui qui a ses génératrices horizontales et dont le point de concours se trouve par conséquent sur la ligne d'horizon. Soit PMN le plan de la base de ce dernier, qui est élevé au-dessus du plan horizontal.

La trace de concours de tous les plans parallèles à la fois aux génératrices des deux cylindres est la ligne ST, qui joint les deux points de concours de ces génératrices; un de ces plans sera donc PSTA, lequel coupera le plan PMN suivant la droite PG, et par conséquent le cylindre horizontal suivant les deux génératrices DT, FT : mais ce même plan coupe le premier cylindre suivant les génératrices SA, SC; donc les points x, y, x', y', où ces quatre droites se coupent, sont quatre points de la courbe.

On reconnaît que la courbe est d'arrachement, en ce que la trace TN, tangente à la base du premier cylindre, donne une sécante PN à celle du second, tandis que l'autre tangente TQ donne une droite PQ qui passe en dehors de la courbe DEF.

Le problème s'est compliqué, en ce qu'il a fallu chercher les intersections des plans de la série avec le plan PMN, et que les traces horizontales TN, TG, etc., n'ont pas suffi comme dans le cas précédent.

33. Quand le plan PMN est parallèle au tableau, le point P se trouve à l'infini, et les droites PN, PG, PQ deviennent parallèles à ST. Ce cas est fréquent dans la pratique.

34. PROBLÈME. *Trouver l'intersection de deux cônes.*

Soient SABC, TDEF (fig. 33) les deux cônes donnés, s et t les projections de leurs sommets.

Pour résoudre le problème, nous mènerons une droite par les sommets des deux surfaces coniques; *st* sera la projection horizontale de cette droite, qui rencontrera par conséquent le plan horizontal au point Q. Nous ferons passer par la droite TQ une série de plans diversement inclinés, et dont chacun coupera suivant deux droites chacune des surfaces coniques; ces droites, se rencontrant deux à deux, feront connaître les points de la courbe cherchée.

Les traces horizontales des plans de la série passeront toutes par le point Q, puisque ces plans ont pour intersection commune la droite TSQ. Ainsi TQA sera un de ces plans; il coupe la première surface conique suivant la droite SA et suivant une autre droite dont on ne fait pas usage. Le même plan coupe la seconde surface conique en deux droites TD, TF, qui, par leurs intersections avec la droite SA, donnent deux points x et y de la courbe cherchée.

Il y aura pénétration ou arrachement, suivant que les traces tangentes à l'une des bases couperont toutes deux l'autre base comme dans le cas actuel, ou que seulement l'une d'elles la coupera, tandis que l'autre passera en dehors.

35. PROBLÈME. *Trouver l'intersection d'un cône et d'un cylindre.*

Le cylindre donné est SABC (fig. 34); le cône est TEDF, et a pour projection de son sommet le point t.

Par le sommet T du cône, nous mènerons une droite parallèle aux génératrices du cylindre; elle ira, en perspective, concourir avec ces génératrices au point S, et sa projection horizontale sera ts; son pied sera par conséquent au point Q.

(37)

Par cette droite nous conduirons une suite de
plans tels que SQE, qui couperont la surface cylindrique suivant deux droites telles que SA, SC;
et la surface conique suivant deux autres droites,
telles que TE, TF, qui, recroisant les premières,
donneront quatre points à la courbe cherchée, les
deux premiers x, y, appartenant à la courbe d'entrée, et les deux autres x' et y' à la courbe de sortie.

On reconnaîtra, comme dans le problème précédent, s'il y a pénétration ou arrachement.

36. Le problème présente quelques difficultés
lorsque les surfaces ne sont pas données par leurs
traces. Supposons, par exemple, que la surface conique ne soit donnée que par son sommet et par une
courbe DEF (fig. 35), tracée dans l'espace par le
moyen de sa projection horizontale D'E'F'.

Comme ci-dessus, on mènera par le sommet de
la surface conique la droite TQ concourant au
même point avec les génératrices du cylindre SABC,
laquelle droite rencontrera en Q le plan horizontal,
puisque QtH sera sa projection horizontale, si t est
celle du sommet de la surface conique, et H celle
du point de concours S des génératrices du cylindre. Ensuite on cherchera, par le procédé du
n° 18, les traces OM, ON du plan MON, sur lequel
la courbe DEF est tracée. Ce plan sera percé en P
par la droite TQ; et le point P, qui se trouve par
la construction indiquée au n° 10, sera celui où
devront passer toutes les intersections des plans de

la série avec le plan MON, de même que toutes leurs traces horizontales devront passer par le point Q; car tous ces plans ont la droite PQ commune.

Soit donc QA une des traces horizontales de ces plans coupans; son intersection avec le plan MON sera la ligne PR passant par le point P commun à toutes les intersections semblables, et par le point R, rencontre de la trace ON avec la trace QA. Or, le plan en question coupe le cylindre suivant la génératrice AS, et le cône suivant les deux génératrices TD, TE, puisque les points D et E, où la ligne PR coupe la base du cône, sont à la fois et dans le plan PQR et sur la surface conique; et les génératrices TD, TE du cône, coupant aux points x et y la génératrice AS du cylindre, donnent deux points de la courbe cherchée : on aura autant de points qu'on le désirera, en répétant la construction, qui n'a plus rien que de très simple quand une fois on a trouvé les deux points Q et P.

Pour donner plus de clarté au dessin, on n'a tracé que la courbe d'entrée sur la surface cylindrique.

Il y aurait arrachement si une des tangentes menées du point P à la courbe DEF avait pour correspondante sur le plan horizontal une section QR qui ne rencontrerait pas la courbe ABC.

Le problème serait impossible, c'est-à-dire que

les deux surfaces n'auraient rien de commun, si les
deux tangentes menées à la courbe DEF du point
P donnaient chacune un résultat pareil au précédent, du même-côté de la courbe ABC.

37. *Remarques.* Les constructions se simplifie-
ront considérablement lorsque le cylindre SABC,
au lieu d'être quelconque, sera droit, parce qu'a-
lors la courbe DEF et la projection horizontale
D'E'F' pouvant être considérées comme tracées
sur un même cylindre droit, et la ligne menée par
le sommet du cône étant alors verticale, tous les
plans de la série seront aussi verticaux ; et ils cou-
péront les deux cylindres suivant des verticales;
celles qui se trouveront sur le cylindre DEF D'E'F'
couperont la courbe DEF aux points par lesquels
les génératrices de section sur la surface conique
devront passer.

Toutes les traces horizontales passeront par la
projection horizontale de T.

38. Mais si le problème peut se simplifier par la
supposition que nous venons de faire, il peut aussi
se compliquer quand la trace du cylindre n'est
pas donnée sur le plan horizontal, mais que seulement on a dans l'espace une courbe qui lui sert
de base.

Il faut alors faire pour le cylindre ce que nous
avons fait pour le cône, c'est-à-dire chercher les
traces du plan de sa base, et l'intersection de ce
plan avec la droite PQ; ce sera par ce point que

les intersections des plans de la série avec celui de
la base devront toutes passer; et comme de plus,
au moyen de leurs traces horizontales, on a pour
chacune de ces intersections un point sur la trace
horizontale du plan de la base; elles sont toutes
déterminées, et font par conséquent connaître des
points de la courbe par lesquels les génératrices de
section doivent passer; de même que ci-dessus, les
droites PR faisaient connaître sur la surface conique les points D et E des génératrices Tx, Ty.

39. Les surfaces ordinairement employées dans
la perspective ne donnent pas lieu à d'autres com-
binaisons générales; mais comme il serait impossible d'épuiser tous les cas particuliers, ce que j'ai
dit doit suffire pour faire connaître l'esprit de la
méthode. Ce sera ensuite à celui qui s'en sera pé-
nétré de saisir les moyens de simplification que les
différens cas peuvent offrir.

Maintenant nous ferons connaître la manière
de construire les plans tangens aux surfaces coniques et cylindriques.

Des plans tangens aux surfaces cylindriques et coniques.

40. Les surfaces cylindriques et coniques peuvent être touchées par un plan tout le long d'une
génératrice; ainsi la trace du plan tangent est tangente à la trace de la surface, au point où cette

courbe est rencontrée par la génératrice de contact.

41. Soit donc SABC (fig. 36) une surface cylindrique à laquelle il faille mener un plan tangent par le point O. Nous construirons par ce point la génératrice SA, qui rencontrera au point A la courbe ABC. C'est en ce point qu'il faut mener une tangente pour avoir la trace horizontale AM du plan tangent demandé; sa trace verticale doit passer au point de concours S de la surface cylindrique, puisque la génératrice AS est tout entière dans le plan tangent; elle doit passer aussi par le point M où la trace horizontale coupe la ligne d'horizon: donc le plan tangent est déterminé.

42. Pour la surface conique TABC (fig. 37), on fera de même que ci-dessus pour avoir la trace horizontale AM; mais, pour la trace verticale dont on n'a qu'un seul point M, il faut une construction particulière.

Menons par le sommet T une horizontale dans le plan cherché; elle sera parallèle à la trace AM, et par conséquent elle sera représentée par la droite TM, qui va concourir avec AM au même point M de la ligne d'horizon. La projection horizontale de la droite TM sera tM, si t est celle du sommet T de la surface conique. Cela fait, je mène à une distance arbitraire un plan vertical DEF parallèle au fond du tableau; ce plan coupe au point F la ligne MT et au point D la trace MA; il coupe donc le plan de ces deux droites, c'est-à-dire le plan tangent, suivant la ligne DF : mais le plan DEF est parallèle au fond du tableau ; par conséquent, la trace cherchée MN sera parallèle à la ligne DF ; et le problème est résolu.

On aurait pu, dans la même intention, chercher le point où la génératrice de contact AT va percer le fond du tableau, parce que là trace MN doit aussi passer par ce point ; mais les constructions seraient tombées hors du papier, c'est pourquoi on leur a préféré les précédentes.

43. Voyons ce qu'il y a à faire lorsqu'on n'a pas les traces de ces surfaces sur le plan horizontal, mais seulement leurs bases dans des plans diversement inclinés.

Soit premièrement SABC (fig. 38) un cylindre donné ; MN la trace horizontale du plan sur lequel la courbe ABC se trouve tracée.

C'est par le point O qu'on veut construire le plan tangent. On mène par ce point la génératrice SOA, et par le point A la tangente AD à la base du cylindre. Cette tangente n'est autre chose que l'intersection du plan de la base avec le plan tangent ; elle perce le plan horizontal au point D sur la ligne MN : c'est donc là un des points de la trace horizontale du plan tangent. Pour en obtenir un autre, il faut chercher le point E où la génératrice SA prolongée rencontre le plan horizontal, car cette génératrice est dans le plan demandé. On a pour trouver le point E la projection horizontale

sA′ de la génératrice SA qui passe par le point s, projection du point de concours S, et par le point A′, projection du point A. Les traces demandées sont donc EDG et GS.

44. On trouverait de même pour la surface conique, la trace horizontale de son plan tangent ; et sa trace verticale se conclurait de la construction du numéro précédent ou, plus simplement, de l'intersection de la génératrice de contact avec le plan vertical, lorsque cette génératrice ne le rencontre pas trop loin.

45. PROBLÈME. *Par un point extérieur, mener un plan tangent à une surface cylindrique ou à une surface conique.*

Soit SABC (fig. 39) la surface cylindrique, D le point donné, E sa projection. Nous imaginerons par le point une parallèle aux génératrices du cylindre, laquelle sera dans le plan tangent, puisqu'elle sera parallèle à la génératrice de contact : sa représentation est SD ; par conséquent, la trace horizontale du plan tangent doit passer par le point F où la droite perce le plan horizontal ; de plus, cette trace doit être tangente à la trace du cylindre (n° 40) ; donc elle est déterminée, et SA est la génératrice de contact. La trace verticale doit passer par le point de concours S et par le point M où la trace horizontale coupe la ligne d'horizon XY ; donc le problème est résolu.

46. Le plan tangent à la surface conique par le

point extérieur se construit absolument de la même manière, à l'exception qu'au lieu de mener par le point une droite parallèle aux génératrices, on en fait passer une par le point et par le sommet du cône; mais en perspective c'est la même chose : du reste, les intersections de cette droite avec le plan horizontal et le fond du tableau font connaître les traces.

47. Si l'on ne connaissait pas les traces des surfaces, mais qu'on eût seulement leur base dans un plan quelconque, on commencerait par chercher l'intersection de la droite SDF avec ce plan, et du point de section, on mènerait une tangente à la courbe, laquelle, par son intersection avec le plan horizontal, donnerait un point de la trace; la droite SDF en donnerait un autre, et le problème s'achèverait comme ci-dessus.

48. PROBLÈME. *Mener un plan tangent à une surface cylindrique ou à une surface conique, parallèlement à une droite donnée.*

Premièrement, la surface cylindrique donnée est SABC (fig. 40), et la droite est DE. La trace verticale du plan cherché doit passer par le point S. De plus, si, par un point quelconque de la génératrice de contact, nous imaginons une ligne parallèle à DE, cette droite sera dans le plan tangent; mais, en perspective, elle doit aller concourir au point E; donc la trace verticale du plan cherché est SEM : et sa trace horizontale devant être tangente à celle du cylindre, est également déterminée, et le problème est résolu. On voit ainsi qu'on a pu se dispenser de construire la droite parallèle à DE.

49. Quant à la surface conique, on mènera par son sommet T (fig. 41) une droite parallèle à DE, qui est comme ci-dessus la ligne donnée; la projection horizontale de cette parallèle sera *t*F, et la droite elle-même sera TE; elle rencontrera donc le plan horizontal au point G, duquel menant la tangente GA, on aura la trace horizontale du plan tangent demandé. Sa trace verticale devant passer par les points M et E, est également déterminée, et le problème est résolu.

On a pour vérification le point H, où la génératrice de contact TA va percer le fond du tableau, et par lequel la trace verticale doit aussi passer, puisque cette génératrice est tout entière dans le plan tangent. Si l'on cherche d'abord le point H, il suffira, avec le point connu E, pour déterminer la trace HM, et par conséquent aussi la trace MA. C'est alors le point M qui sert à la vérification, et la construction faite ainsi a plus d'exactitude.

50. Si la base du cône ou de la surface cylindrique n'était pas donnée dans le plan horizontal, mais qu'elle fût dans tout autre plan, il faudrait, comme dans le problème précédent, chercher d'abord l'intersection de la droite TEG avec le plan

de la base; de ce point, mener une tangente à la courbe; et cette tangente, par son intersection avec le plan horizontal, donnerait un point de la trace horizontale qui, devant aussi passer par le point où la parallèle à la ligne donnée rencontre le plan horizontal, serait déterminé; et par suite la trace verticale le serait aussi.

Des surfaces de révolution.

51. On peut aussi, quoique avec moins d'avantage, appliquer les principes de la perspective à la théorie des surfaces courbes, dites surfaces de révolution.

Si l'on suppose qu'une courbe quelconque ABCK (fig. 42) tourne autour d'un axe MN, sans s'en approcher ni s'en éloigner, chacun de ses points décrira un cercle perpendiculaire à l'axe, et l'espace balayé par la courbe sera une *surface de révolution.*

Il résulte de cette définition, que si l'on coupe la surface de révolution par des plans perpendiculaires à son axe, on a des cercles dont les centres sont tous sur cet axe, et dont la grandeur des rayons dépend de la forme de la courbe génératrice.

Ainsi le point C décrit le cercle CEFG dont le rayon est CO.

Or il suffit, lorsque l'axe de rotation est vertical,

comme cela arrive ordinairement, de connaître ce rayon pour avoir, par les procédés ordinaires, la perspective CEFG du cercle que décrit le point C, le point de vue étant en R et le point de distance en D. On peut donc, en répétant l'opération, avoir les perspectives d'autant de cercles horizontaux qu'on le juge convenable, et leur menant à tous une courbe tangente HIFK, avoir d'une manière très exacte la surface de révolution. On n'a tracé le *contour apparent* HIFK que d'un seul côté, parce que de l'autre il se confond presque avec la courbe génératrice ABCK.

52. Le plan horizontal mené à la hauteur de l'œil coupe le corps suivant un cercle dont la perspective se réduit à la ligne droite BI. Il faut donc, pour trouver les deux points B et I, très importans pour la détermination exacte du contour apparent, avoir recours à un procédé particulier qui consiste à mettre l'œil en position, c'est-à-dire à prendre RD' égale à RD et perpendiculaire sur la ligne d'horizon, et à tracer du point L comme centre, avec la distance *b* L comme rayon (le point *b* est celui où la courbe génératrice coupe la ligne d'horizon), un cercle qui est celui qu'il s'agit de représenter couché sur le plan du tableau, ainsi que l'est en D' l'œil de l'observateur : on mène au cercle deux tangentes du point D', lesquelles rencontrent la ligne d'horizon aux points B et I qui sont les points demandés. En effet, les deux tangentes D'B, D'I, sont les

deux rayons visuels qui mesurent la largeur apparente du cercle à représenter; et par conséquent les intersections de ces droites avec le plan vertical qui contient la génératrice ABCK donnent sur ce plan les extrémités de la ligne droite perspective du cercle dont il est question.

53. On donne le nom de *courbe méridienne* à la courbe génératrice ABCK; elle a sa symétrique en $\alpha\beta\gamma$, et l'ensemble de ces deux courbes représente la section faite dans le corps de révolution par un plan vertical parallèle au tableau et passant par l'axe MN. On appelle *plan méridien* tout plan qui passe ainsi par l'axe. Il y en a, comme on voit, une infinité, et ce n'est que pour celui qui est en même temps parallèle au tableau que la courbe méridienne a, dans la perspective, sa véritable forme; c'est pourquoi on se la donne dans ce plan. Pour tout autre plan méridien, la courbe génératrice, se trouvant dans une position plus ou moins oblique par rapport au tableau, est plus ou moins altérée; ainsi PQSK représente cette courbe dans le plan PRK.

Il est facile de l'obtenir, en menant par le point qu'on a choisi pour point de concours sur la ligne d'horizon, et par les centres des différens cercles, des droites telles que EOR, PTR, etc.; les intersections P, E, etc., de ces droites avec les ellipses perspectives des cercles, donnent des points de la courbe cherchée; car les lignes EOR, PTR, etc., représentent les droites parallèles, intersections des plans de nos cercles avec le plan méridien PRK.

54. On voit ainsi que par chaque point de la surface, tel que le point S, il passe deux génératrices, l'une qui est un cercle dont le plan est perpendiculaire à l'axe MN, et l'autre qui est la courbe méridienne elle-même qu'on a fait tourner jusque là. Ainsi la surface de révolution est susceptible de deux générations, ou par la courbe méridienne tournant autour de l'axe sans changer de grandeur ni de forme, ou par un cercle variable de grandeur, dont le centre se meut le long de l'axe, et dont le plan est toujours perpendiculaire à cet axe.

55. Si l'on voulait mener un plan tangent à cette surface par un point pris sur elle, par exemple au point E, il faudrait mener les tangentes aux deux génératrices, c'est-à-dire à la courbe méridienne PQSEK par le point E, et au cercle CEFG par le même point E; ces deux tangentes détermineraient évidemment le plan tangent. Il ne resterait plus, pour avoir les traces de ce plan, qu'à chercher les points où les deux droites dont on vient de parler vont percer le plan horizontal et le fond du tableau. Or, pour cela, il faut avoir la projection horizontale du point E; et l'on y parvient aisément en menant par le pied N de l'axe MN, et par le point de vue R, la droite RNE', sur laquelle doit évidemment se trouver la projection,

4

laquelle devant être aussi sur la verticale EE', est ainsi déterminée.

La tangente à la courbe méridienne croise l'axe en Y, et perce le plan horizontal en X, parce que la ligne E'X est sa projection horizontale. Ainsi la trace horizontale du plan tangent doit passer par le point X, et aller concourir avec la tangente EZ au cercle en un point de la ligne d'horizon; car cette dernière tangente est une ligne horizontale: XW est cette trace.

Pour avoir la trace verticale, il faudrait cher-cɥer le point où la droite EX perce le plan ver-tical; c'est quelque part sur la ligne RD', laquelle est la projection verticale de EX (n° 6). Ce point étant trouvé, on le réunira avec le point de con-cours des lignes WX, EZ et RD; et le problème sera résolu, puisqu'on aura les deux traces du plan tangent.

55. Ici se termine ce que j'ai à dire sur la Géo-métrie perspective. On voit que tout ce qui a rap-port à la véritable grandeur des lignes ou à l'ou-verture des angles n'est point entré dans nos problèmes. Ainsi nous n'avons point essayé de trouver l'angle de deux plans ou de deux droites; et cela par une raison toute simple, c'est que ces problèmes ne sont pas de la compétence des ar-tistes, et ne sont point nécessaires aux procédés de la perspective.

On verra, par les applications des méthodes

précédentes, combien elles simplifient la recherche
de certains problèmes de la plus haute difficulté pour
ceux qui n'ont appris à les résoudre que par des
méthodes dont ils ne se rendent pas un compte
suffisant, ou que même ils ne comprennent pas
du tout : une fois qu'ils les ont oubliées, c'est pour
toujours ; ils ne les retrouvent plus, parce qu'ils
ignorent les principes sur lesquels elles sont fon-
dées.

APPLICATIONS.

56. Je ne me propose pas de multiplier beaucoup les exemples; cela augmenterait trop le vo-
lume de ce cahier. Je me contenterai de choisir
parmi ceux qu'on rencontre ordinairement dans
les ouvrages de Perspective, ceux qui me parais-
sent offrir quelques difficultés, en commençant
toutefois par un problème très simple, pour initier
les élèves dans la théorie des ombres. C'est en effet
dans la recherche des ombres que la Géométrie
perspective est d'une utilité directe. Donnons d'a-
bord quelques généralités.

57. La Théorie des ombres offre, comme la
Perspective, deux choses bien distinctes, la détermination rigoureuse et géométrique du contour
des ombres, et la gradation de ces mêmes ombres,
en raison de la forme des corps et de leur éloi-
gnement. La première partie a des règles sûres;
on ne peut donner sur la seconde que quelques

4..

indications générales, quelques faits de l'expérience.

58. Le problème général des ombres consiste à construire des cylindres ou des cônes tangens à des surfaces données et les enveloppant entièrement; à déterminer les lignes de contact de ces surfaces entre elles, ou *les lignes de séparation d'ombre et de lumière;* enfin, à trouver les intersections de ces cylindres ou de ces cônes avec des surfaces connues, lesquelles intersections ne sont autre chose que les contours des *ombres portées* par les corps sur ces surfaces.

59. Le cas le plus ordinaire est celui où les objets qu'on veut représenter sont supposés éclairés par la lumière du soleil, c'est-à-dire par des rayons parallèles entre eux. Tous ceux de ces rayons qui rasent la surface du corps éclairé forment une surface cylindrique, dans l'acception la plus générale de ce mot. Un rayon quelconque, en touchant la surface éclairée, détermine un point de la courbe, qui est la ligne de séparation d'ombre et de lumière ou le contour de l'ombre sur le corps; et ce rayon est une des génératrices de la surface cylindrique qui détermine, par son contact avec la surface éclairée, la courbe de séparation.

Chaque rayon lumineux, ou, ce qui est la même chose, chaque génératrice du cylindre, par son intersection avec une surface quelconque, par exemple, un plan, donne un point de la courbe qui est le contour de l'ombre portée par le corps sur le plan.

60. Lorsque le corps éclairant ou point lumineux n'est pas très éloigné du corps éclairé, les rayons ne sont plus parallèles entre eux, et la surface qu'ils forment autour du corps éclairé n'est plus cylindrique, mais conique. Les ombres projetées sont alors d'autant plus considérables que les rayons lumineux ont plus de divergence, ou que le corps éclairant est plus rapproché du corps éclairé.

61. D'après cela, il est clair que l'ombre portée par une ligne droite sur un plan est une autre ligne droite; puisque, pour obtenir cette ombre, il faut, par tous les points de la droite, imaginer des rayons de lumière, lesquels se trouveront dans un seul et même plan, soit qu'ils se dirigent parallèlement entre eux, comme dans le cas de la lumière solaire, soit qu'ils partent d'un même point, comme d'une lampe ou d'une bougie. Le plan est donc ce que devient la surface cylindrique ou conique dans le cas particulier que nous examinons. Cherchant donc l'intersection de ce *plan d'ombre* avec le plan donné, on aura l'ombre portée par la droite sur le plan.

S'il arrivait que le plan donné fût parallèle à la droite, comme cela a fréquemment lieu dans les applications, l'ombre portée serait parallèle à la droite qui donne l'ombre, parce qu'on pourrait considérer la droite et son ombre comme les intersections de deux plans par un troisième.

62. On voit par là que, pour trouver l'ombre portée par un polyèdre, c'est-à-dire par un corps dont la surface est composée de polygones plans, il faut d'abord rechercher quelles sont celles des arêtes qui séparent les faces éclairées des faces qui sont dans l'ombre, ce qui est ordinairement très facile : leur ensemble constitue le contour de l'ombre du corps sur lui-même. Après cela, on fera pour chaque arête ce que nous avons dit, dans le numéro précédent, devoir être fait pour une seule droite ; et les intersections de tous ces plans, dont la recherche se simplifie presque toujours considérablement, forment par leur ensemble sur telle autre surface le contour de l'ombre portée.

63. Nous remarquerons, avant de commencer les exemples, que les rayons solaires étant tous parallèles entre eux, auront en perspective un point de concours situé au-dessous de la ligne d'horizon lorsqu'ils arrivent en plongeant par-derrière le spectateur, et situé au-dessus lorsqu'ils arrivent par-devant ; car pour obtenir ce point de concours, il faut toujours imaginer, par l'œil du spectateur, une droite parallèle aux rayons, et chercher son intersection avec le tableau ; c'est ce qui est démontré dans la note (*a*). Ce point d'intersection ou de concours est donc au-dessous de la ligne d'horizon dans le premier cas, et au-dessus dans le second.

C'est à ce point qu'iront donc tous les rayons lumineux que l'on aura besoin de construire pour la détermination des ombres, et il suffit comme donnée du problème. Si de plus on a besoin des projections des rayons, on a leur point de concours sur la ligne d'horizon, en abaissant du *point lumineux,* c'est ainsi que j'appelle le point de concours des rayons solaires, une perpendiculaire sur cette ligne d'horizon.

· , 64. Si les corps, au lieu d'être éclairés par le soleil, l'étaient par une bougie ou une lampe, il n'y aurait d'autre différence avec le cas précédent, qu'en ce que le point lumineux, au lieu d'être supposé à une distance infinie, serait plus ou moins rapproché, et aurait en conséquence sa projection horizontale au-dessous de la ligne de terre. Du reste, les opérations pour la détermination des ombres seraient absolument les mêmes. C'est qu'en Géométrie perspective, un cylindre et un cône se représentent de la même manière, avec cette seule différence, que le point de concours des projections des génératrices est sur la ligne de terre pour le cylindre, tandis que pour le cône il est toujours en-dessous (n° 19).

65. *Trouver l'ombre d'un prisme droit sur le plan horizontal.*

· Nous supposerons le prisme éclairé par-derrière fig. 43, et par-devant fig. 44. Dans le premier cas, le point lumineux S est au-dessus de la ligne d'ho-

rizon RP; dans le second, il est au-dessous, comme
il a été dit au numéro 63. Le point de concours des
projections horizontales des rayons solaires est sur
la ligne d'horizon le point P, car ce point est lui-
même la projection horizontale du point lumineux S.

Maintenant il est facile de voir, à la seule inspec-
tion de la figure, que celles des arêtes de notre
prisme qui doivent porter ombre sur le plan horizontal, sont les arêtes verticales AA′ et CC′, et
les arêtes horizontales AB et BC. Or, les ombres
portées par les premières doivent évidemment passer par leurs pieds A′ et C′; il suffit donc de trouver
les ombres portées par les trois sommets A, B et C,
car les ombres portées par des lignes droites sur un
plan sont aussi des lignes droites (n° 61).

66. Cela étant, par les points A, B et C, nous
mènerons les rayons solaires indéfinis SA, SB et SC;
et par les points correspondans A′, B′, C′, qui sont
les projections horizontales de nos angles, et par la
projection P du point lumineux, nous mènerons
les droites indéfinies PA′, PB′ et PC′, qui représentent les projections horizontales des trois rayons
solaires. Mais les intersections a, b et c de ces
rayons avec leurs projections donnent les points
où ils percent le plan horizontal (n° 5), et
ces points sont les ombres portées par A, B et C;
menant donc les droites ab, bc, on aura le contour
A′abc C′ de l'ombre demandée.

67. Remarquons maintenant que SPa (fig. 43) est le plan d'ombre déterminé par la verticale AA′, en sorte que l'ombre portée A′a par cette verticale n'est autre chose que l'intersection du plan d'ombre avec le plan horizontal. J'en dis autant de l'ombre C′c; et ces ombres vont toujours concourir au point P; car, répétons-le, elles ne sont autre chose que les traces horizontales des plans verticaux SPa, SPc, qui ont pour trace de concours commune la ligne SP.

La droite ab est la trace horizontale du plan d'ombre déterminé par la droite AB, et comme le plan supérieur du prisme est parallèle au plan horizontal, il s'ensuit que AB et ab sont parallèles; et comme d'ailleurs elles sont parallèles au tableau, elles restent parallèles en perspective. Quant aux lignes BC et bc, qui sont aussi parallèles en réalité, elles vont en perspective concourir au point de vue R, parce qu'elles sont perpendiculaires au tableau, ce qui offre un moyen de vérifier la ligne bc.

Telles sont les remarques que l'on peut faire sur la figure 43. Dans l'autre figure, ce sont les lignes AB et ab qui vont concourir au point de vue, et les lignes BC et bc qui restent parallèles.

68. *Trouver les ombres portées par des bâtons sur différens plans horizontaux et verticaux.*

1°. Supposons d'abord un bâton BB′ (fig. 45) fixé horizontalement dans une paroi latérale, et considérons-le comme une simple ligne droite.

(58)

Il faut donc construire par cette droite un plan parallèle au rayon de lumière, ce qui se fait par le procédé du numéro 14; c'est-à-dire que par le point B, on mène le rayon lumineux BS; que par ce rayon et par la droite BB', on fait passer un plan. La trace de ce plan sur le fond du tableau doit être parallèle à BB', puisque cette droite lui est elle-même parallèle. D'un autre côté, elle doit passer par le point de concours S des rayons lumineux : c'est donc la ligne SO (n° 2). Il s'agit maintenant de trouver l'intersection du plan d'ombre ainsi déterminé avec la paroi : or, la trace de concours ou trace verticale du plan de la paroi est la verticale RO, en tant que cette paroi est perpendiculaire au tableau; d'un autre côté, la ligne SO est la trace verticale du plan d'ombre; ainsi le point O appartient à l'intersection commune (n° 9). Le point B' est évidemment un autre point de cette intersection; ainsi la ligne cherchée est B'bO, et l'ombre portée est B'b, c'est-à-dire qu'elle s'arrête au point d'intersection b du rayon solaire BbS, avec la trace B'bO du plan d'ombre sur la paroi.

69. Remarquons qu'une fois le point O trouvé, l'opération deviendrait plus simple pour une autre droite pareille à BB', parce qu'elle se réduirait à joindre son pied avec le point O et son extrémité avec le point S par deux droites qui, en se recroisant, donneraient l'extrémité de l'ombre.

Toutes les ombres doivent aller en O, parce
qu'en réalité elles sont parallèles, et que par conséquent elles doivent avoir un point de concours
en perspective.

Si, au lieu d'une simple droite, on avait un prisme,
comme l'extrémité d'une poutre ou tel autre corps
qui portât ombre, on trouverait le contour de
cette ombre en faisant pour chaque arête ce qui
vient d'être dit pour la ligne BB'.

70. 2°. Soit, en second lieu, un bâton AA' perpendiculaire à la paroi du fond, et par conséquent
au tableau; il faut, pour en avoir l'ombre, mener
par le point A un rayon lumineux, et chercher la
trace du plan d'ombre qui passe par ce rayon et
par la droite. Cette trace est SR, car elle doit
passer par le point de concours R des lignes telles
que AA' perpendiculaires au tableau, et par le point
de concours S des rayons lumineux. Mais la paroi
étant parallèle au tableau, son intersection avec le
plan d'ombre doit être une droite parallèle à RS. On
mènera donc par le pied A' du bâton une ligne A'a
parallèle à RS, laquelle, par son intersection avec
le rayon Aa, donnera l'extrémité de l'ombre.

Pour toute autre ligne pareille, l'opération sera
la même, c'est-à-dire qu'il faudra, par le pied de
la droite, mener une parallèle à la trace RS, et par
son extrémité une ligne au point S; l'intersection
de ces deux lignes donnera l'ombre.

On pourra donc, par le même moyen, trouver

l'ombre d'un prisme quelconque perpendiculaire au fond du tableau.

71. Lorsque les bâtons sont verticaux, comme aux figures 47 et 48, l'ombre se trouve par le procédé du numéro 65, et la construction s'explique assez par la figure sans qu'il soit nécessaire d'entrer dans d'autres détails.

72. 3°. Passons au cas du bâton incliné EF qui doit porter ombre sur plusieurs plans. La première chose à faire est de chercher le plan d'ombre : pour cela, nous mènerons le rayon de lumière ES par un point quelconque E de la droite EF, et ce point se projetant horizontalement en E', la droite E'P est la projection horizontale du même rayon ; et par conséquent ce rayon rencontre le plan horizontal en G (n° 8) : la droite EF le rencontre en F ; donc la trace horizontale du plan d'ombre cherché est la droite FG. Quant à la trace verticale, nous pourrons nous en passer.

73. Il ne reste plus qu'à chercher les intersections du plan d'ombre EFG, avec les différens plans donnés, pour avoir l'ombre portée par le bâton incliné sur ces plans. Et d'abord, l'intersection avec la paroi latérale est une droite qui passe en E et en H, car ces deux points sont à la fois dans les deux plans ; le premier E, parce que c'est celui où le bâton s'appuie contre la paroi ; le second H, parce qu'il est à la rencontre des deux traces (n° 9). On cherche ensuite l'intersection IM du plan d'ombre

avec la surface antérieure de la marche. Cette
intersection doit d'abord passer par le point I,
rencontre des deux traces horizontales, et par le
point L où la droite EF perce le plan de la marche.
Ce point se trouve par le procédé du numéro 11;
c'est-à-dire que l'on fait passer par la droite le plan
vertical EE′F, et par le point K, où sa trace coupe
celle du plan antérieur de la marche, on élève la
verticale KL qui représente l'intersection de nos
deux plans verticaux : d'où résulte que le point L
est à la fois sur la droite EF et dans le plan antérieur de la marche. Ce point trouvé, on le réunit
avec le point I par une droite, et l'ombre est trouvée
sur le devant de la marche. Quant à celle MN qui
est portée sur le dessus de la marche, elle s'obtient
simplement en réunissant les points déjà trouvés
N et M par une droite qui, si l'on a opéré exacte-
ment, doit aller concourir avec la droite FH en un
même point de la ligne d'horizon; car les deux
ombres FH et MN étant les intersections de deux
plans parallèles par un troisième, sont des lignes
parallèles.

74. Si nous avions eu besoin de la trace verticale du plan d'ombre, nous l'aurions trouvée dans
le fond du tableau, comme nous avons trouvé sa
trace IL sur le devant de la marche; et ces deux
traces seraient parallèles en perspective comme en
réalité, parce qu'elles sont situées dans des plans
parallèles au tableau. Il aurait donc fallu prolonger

la trace horizontale FG jusqu'à sa rencontre avec la ligne d'horizon, et la droite FE jusqu'à son point de concours, puis réunir ces deux points par une droite qui serait la trace.

75. *Trouver l'ombre portée par un cône sur le plan horizontal et sur un plan incliné quelconque.*

Soit ABC le cône donné, A' la projection de son sommet; soit S le point lumineux, P sa projection et DEFG le plan incliné.

Nous cherchons d'abord la ligne de séparation d'ombre et de lumière sur le cône, en menant par le sommet un rayon de lumière AS dont la projection horizontale est A'P, et en construisant par cette droite un plan tangent au cône (n° 49). Cette droite perce le plan horizontal en a'; c'est donc par là que doit passer la trace horizontale du plan tangent, laquelle est par conséquent a'B ou a'C tangente à la base du cône. Joignant donc le point de contact B avec le sommet du cône, on a la génératrice de contact du plan tangent Aa'B, laquelle est la ligne de séparation d'ombre et de lumière, puisque le plan tangent est parallèle aux rayons lumineux.

76. Pour avoir maintenant l'ombre portée, il faut chercher les intersections des deux plans tangens Aa'B, Aa'C, soit avec le plan horizontal, soit avec le plan incliné; mais les intersections avec le plan horizontal ne sont autre chose que les deux traces déjà trouvées Ba' et Ca', en sorte

que s'il n'y avait pas de plan incliné, le problème serait résolu, et l'on aurait le triangle B*a'*C pour l'ombre portée par le cône.

Cependant le plan incliné étant là, l'ombre se relève sur sa surface ; les points *b* et *c* en sont déjà connus, il faut trouver le point *a* qui est l'intersection du rayon lumineux AS avec le plan incliné, comme *a'* était l'intersection du même rayon avec le plan horizontal. Or, pour trouver l'intersection d'une droite avec un plan, il faut (n° 10) faire passer par la droite un plan vertical, et chercher l'intersection de ce plan vertical avec le plan donné : cette dernière droite croise la proposée au point cherché. Le plan vertical qui passe par AS a pour trace horizontale la projection A'P de cette droite, et sa trace verticale est SPP' ; mais la trace verticale du plan incliné est la ligne QH ; ainsi P', rencontre des deux traces verticales, est un point de l'intersection commune ; de même le point L, rencontre des deux traces horizontales, est un autre point de l'intersection : ainsi la droite LP' est cette intersection, et le point *a* est celui où le rayon lumineux AS perce le plan incliné ; c'est donc l'ombre portée par le sommet du cône sur ce plan. Il ne reste plus qu'à mener les droites *ab*, *ac*, pour que le contour de l'ombre soit entièrement tracé.

77. Nous remarquerons ici que l'inclinaison du plan incliné se mesure dans le plan vertical EDF, lequel doit être perpendiculaire sur la trace DQ.

Il faut donc que les deux lignes DI et DQ aient entre elles la position convenable pour que l'angle QDI représente un angle droit. C'est ce que la Perspective enseigne : voyez le paragraphe (*i*) des notes.

78. On peut encore, par occasion et comme exercice, chercher l'ombre portée par le coin du plan incliné sur le plan horizontal. On y arriverait simplement en menant par le sommet de l'angle E le rayon lumineux ES, et par le point F, projection de E, une droite au point P, et l'intersection de cette droite avec la première donnerait l'ombre *e* du point E. Il n'y aurait plus qu'à joindre *e* avec D et avec Q pour que l'ombre fût trouvée ; mais pour nous fortifier dans le raisonnement géométrique, nous allons faire autrement l'opération.

Par la droite ED nous construirons un plan parallèle au rayon de lumière. Sa trace verticale doit passer par le point de concours H de la droite DE, et par le point de concours S du rayon lumineux ES (n° 13). Cette trace est donc la ligne HS. La trace horizontale doit passer par le point K où la trace verticale coupe la ligne d'horizon ; elle doit aussi passer par le point D où la ligne ED perce le plan horizontal ; c'est donc la ligne KD. Mais le plan HDK que nous venons de construire est le plan d'ombre de la ligne DE ; ainsi la trace DK est l'ombre portée par la droite indéfinie DEH ; et si nous l'arrêtons au point *e*, intersection du rayon

lumineux ES, nous aurons en D*e* l'ombre de DE.
Joignant aussi le point *e* avec le point de concours Q
par une droite, on aura l'ombre portée par l'arête
EG ; car l'ombre et la droite étant toutes deux horizontales, sont parallèles, et par conséquent vont
en perspective concourir en un même point Q de
la ligne d'horizon.

79. *Trouver l'ombre portée dans l'intérieur d'une
voûte par son bord éclairé.*

Supposons d'abord que la voûte (fig. 51) soit
éclairée par-devant, que S soit le point lumineux
et P sa projection ; il est clair d'abord que l'ombre
portée par le pied-droit AB de la voûte sur le ter-
rain sera la droite A*b*, qu'on obtient comme au
numéro 66.

Quant à l'ombre sur la voûte, elle résulte de
l'intersection de deux cylindres, dont l'un est la
voûte elle-même, et l'autre est celui qui a pour base
l'arc de cercle BNC et dont les génératrices sont
parallèles aux rayons solaires. Le point de concours
de ces génératrices est en S, de même que le point
de concours des génératrices du premier cylindre
est au point de vue R. Ainsi nos deux cylindres
ont une même base BNCMD, située dans un plan
vertical parallèle au tableau, et ils ne diffèrent
l'un de l'autre que par la direction de leurs génératrices.

Or, nous savons (n° 29) que pour trouver l'intersection de deux cylindres, il faut les couper par

5

des plans parallèles aux deux axes; qu'on obtient ainsi des droites sur chaque surface, lesquelles, en se coupant, donnent les points cherchés. Nous savons en outre (n° 32) que si la base des cylindres est dans un plan vertical, il faut chercher d'abord les intersections de ce plan vertical avec les plans de la série. Mais ici le plan vertical qui contient la base commune de nos deux cylindres est parallèle au fond du tableau ; ainsi les intersections cherchées seront parallèles à la trace commune de concours de tous nos plans.

80. Les génératrices du premier cylindre ayant leur point de concours en S, celles du second ayant leur point de concours en R, la trace de concours de tous les plans de la série sera la ligne RS. On mènera donc les lignes MN parallèles à SR; on joindra les points M avec le point de vue R par des lignes MR, qui représenteront les génératrices de section des plans de la série avec la surface de la voûte; on joindra de même les points N avec le point lumineux S, par des lignes NS, qui représenteront les génératrices de section des mêmes plans de la série avec le cylindre d'ombre ; ainsi les points n, n, n... où les droites MR et NS correspondantes se recroisent, seront les points de la courbe cherchée (*).

81. La dernière section parallèle à SR, qu'on

(*) On a fait abstraction des secondes génératrices de section, c'est-à-dire des génératrices NR, ... dans la

puisse faire, est la droite GH, tangente en C; elle n'en
donne pas moins un point de la courbe très important à bien déterminer, car c'est celui où elle prend
naissance. Pour quelqu'un d'exercé, il suffirait de
connaître ce point C et l'ombre Ab du pied-droit
(choses faciles à trouver), pour tracer par le seul
sentiment la courbe C$nnnb$... d'une manière assez
exacte pour la pratique.

82. Lorsque les sections MN arrivent dans le
voisinage de la ligne SR, les génératrices MR et NS
se croisent trop obliquement pour ne laisser au-
cune incertitude sur la position des points de la
courbe. Il faut alors avoir recours aux projections
horizontales des droites MR et NS. Ainsi, pour la
section M'N', on projette le point N' en Q, et QP
est la projection horizontale de la génératrice du
cylindre d'ombre; le point M' se projette en D;
ainsi Dd est la projection horizontale de la génératrice correspondante M'R de la voûte. Les lignes
PQ et Dd se croisant en I, on a en projection
l'intersection des deux génératrices; il ne reste
donc qu'à élever la verticale In' pour avoir, par
ce procédé, le point cherché n' sur la génératrice M'R.

On ne pourrait pas se servir d'un autre moyen

voûte, et des génératrices MS... dans le cylindre d'ombre,
parce que ces lignes sont étrangères à l'objet de notre
recherche.

5.

si l'on désirait obtenir un point sur la droite SR elle-même.

83. Dans le second cas, c'est-à-dire lorsque la voûte est éclairée par-derrière (fig. 52), les opérations sont les mêmes; car il s'agit toujours de trouver l'intersection de deux cylindres qui ont une même base BENCM dans un plan vertical parallèle au fond du tableau, les génératrices de l'un allant concourir en R, et celles de l'autre en S. La trace de concours commune à tous les plans de la série est encore la ligne RS qui joint le point de vue avec le point lumineux. Menant donc les lignes MN, MN... parallèles à RS, on aura les intersections des plans de la série avec le plan vertical ABCD, qui contient la base commune aux deux cylindres. Joignant ensuite les points N,N... avec le point lumineux S, on aura les génératrices de section sur le cylindre d'ombre; et en joignant pareillement les points M,M... avec le point de vue R, on aura les droites de section sur la voûte ou sur son pied-droit. Ainsi les points n, n... où ces droites, suffisamment prolongées, viennent se couper, sont les points de la courbe cherchée Cnne.

On fait abstraction, comme dans le cas précédent, des génératrices de section qui sont étrangères à la détermination de la courbe.

84. Le point B, naissance de l'arc, projette son ombre en b, en sorte que sur le sol de la voûte il n'y a que la portion Ab de l'ombre qui soit recti-

ligue, le reste *bfe* est courbe, parce qu'il provient
de l'arc BFE. Comment donc trouve-t-on un point
f de cette courbe? C'est en projetant en I sur la
ligne AD un point F de l'arc qui porte ombre, et en
menant le rayon lumineux F*f* et sa projection PI*f*;
le point *f* étant ainsi celui où le rayon perce le plan
horizontal, est le point d'ombre demandé.

85. Pour obtenir directement le point *e*, où finit
cette ombre et où commence l'autre, il faut par le
point D mener la ligne DE parallèle à RS; elle
représentera la section de celui des plans de la
série qui donnerait la droite RD*e* sur la voûte, et
la droite SE*e* sur le cylindre d'ombre. Ainsi *e* est
un point de la courbe cherchée, pareil aux autres
points obtenus *n, n*.... C'est donc le point de séparation demandé, puisque, d'un autre côté, il se
trouve sur la ligne D*ed*, qui est la base du pied-
droit.

On a ainsi directement le point où finit l'ombre
portée sur la voûte; et, comme dans le cas précédent, la tangente GH, parallèle à RS, donne le
point C où cette courbe commence. Il ne reste donc
plus rien à demander.

86. Les exemples précédens, quoiqu'en petit
nombre, suffisent pour montrer combien l'étude de
la Géométrie perspective rend facile l'explication
des procédés au moyen desquels on trouve les ombres des corps. Je renvoie, pour de plus nombreuses
applications, aux traités connus de Perspective, et

en particulier à celui de Sébastien Jorat, qui est riche en exemples. La tâche que je me suis imposée est maintenant remplie ; je fais des vœux pour que mon travail ne soit pas sans utilité à nos jeunes artistes.

~~~~~~

NOTES.

———

Il est extrêmement important que les principes d'une science soient rigoureusement démontrés, et d'une manière aussi simple que possible. Ceux de la Perspective n'ont pas cet avantage dans la plupart des traités qui sont entre les mains des artistes; leurs auteurs, faute de s'appuyer sur des connaissances mathématiques suffisantes, se sont jetés dans des démonstrations traînantes qui fatiguent le lecteur et le rebutent dès les premières pages.

Je me propose donc de donner ici la démonstration du principe fondamental des points de concours, et d'en déduire les constructions pratiques ordinaires, et quelques autres non moins usuelles, mais peu ou point connues.

PRINCIPE.

(a) *Les lignes droites parallèles représentées sur le tableau vont concourir en un point, et ce point est celui où la droite parallèle au système, menée par l'œil de l'observateur, va percer le tableau.*

Il faut se rappeler, pour la démonstration de ce principe, que pour avoir la représentation, ou, en termes de l'art, la perspective d'une ligne droite, il faut chercher l'intersection de son plan *perspectif* avec le tableau, et que ce plan perspectif est déterminé par la droite elle-même et par l'œil de l'observateur.

Cela étant, si l'on a un certain nombre de lignes parallèles AB, CD, FG, etc., à représenter sur un tableau MN (fig. 1), on mènera, ou l'on supposera menés, par l'œil O de l'observateur et par ces droites, les plans perspectifs OGF, OBA, ODC, etc. Tous ces plans se couperont suivant une ligne OE, parallèle aux droites AB, CD, etc., et passant par l'œil. Si les lignes AB, CD, FG, etc., et CE, percent le tableau MN aux points B, D, G et E, il est évident que les lignes BE, DE, GE, etc., sont les traces des plans perspectifs ABO, CDO, FGO, etc., sur le tableau MN, et ces traces sont les perspectives des lignes AB, CD, FG, etc. Or, ces perspectives se rencontrent nécessairement au point E : *donc toutes les lignes parallèles ont un point de concours en perspective*, etc.

(*b*) Il suit de là que tous les systèmes de lignes horizontales parallèles ont leurs points de concours sur la *ligne d'horizon*, qui est une ligne tracée sur le tableau à même hauteur que l'œil, ou, si l'on veut, l'intersection avec le tableau du plan horizontal mené par l'œil de l'observateur; car les droites menées par l'œil, parallèlement aux systèmes de lignes horizontales que l'on veut représenter, ne sortiront pas du plan horizontal dont je viens de parler, et par conséquent iront percer le tableau quelque part sur la ligne d'horizon. En particulier, les lignes perpendiculaires au tableau ont leur point de concours au *point de vue*, qui, en d'autres termes, est la projection de l'œil sur le tableau; et les lignes horizontales qui forment avec le tableau des angles de 45°, soit à droite, soit à gauche, vont concourir aux deux *points de distance*, qui sont les deux points de la ligne d'horizon, éloignés du point de vue de la même quantité que l'œil l'est du tableau.

Pour tous les systèmes de lignes diversement inclinées, les points de concours ne sont plus sur la ligne d'horizon: ils sont au-dessus quand les lignes vont en montant, à partir de l'observateur; ils sont au-dessous quand les lignes ont une pente contraire. Les peintres appellent les premiers *aériens* et les autres *terrestres*.

(c) Il y a un cas où les lignes parallèles, mises en perspective, n'ont pas de point de concours, c'est celui où elles sont en même temps parallèles au tableau, ou, comme disent les peintres, lorsqu'elles ne sont pas *fuyantes*, parce qu'alors la ligne OE devient parallèle au tableau, et, ne le rencontrant pas, ne donne pas de point de concours.

(d) Expliquons, d'après ce qui précède, la méthode usitée pour mettre en perspective les figures tracées sur le plan horizontal. Et d'abord, soit A (fig. 2) un point quelconque situé derrière le tableau MN, à la distance AI dans le plan horizontal. Soit O la projection horizontale de l'œil, et OH sa distance au tableau MN, qu'il faut supposer relevé verticalement sur la ligne de terre MM'. Tel que nous le représentons dans la figure, il est couché sur le plan du papier; il faut donc le redresser par la pensée sur la ligne MM' pour se faire une idée nette des choses. C'est ainsi qu'après ce redressement on voit clairement que le point A est derrière le tableau à la distance AI, et que l'œil O de l'observateur est devant, à la distance OH.

Le point de vue R est en même temps la projection verticale de l'œil sur le tableau, c'est-à-dire que HR est sa hauteur au-dessus du plan horizontal. Quant au point A, situé dans ce plan horizontal, il se projette en I sur la base du tableau.

Nous mènerons, par le point A, deux droites faciles à mettre en perspective, l'une AI perpendiculaire au tableau, et l'autre AG faisant avec lui un angle de 45°. La première percera le tableau en I, et la seconde en G sur la base. La perspective de la droite perpendiculaire au tableau passera donc par le point I; et comme on sait qu'elle doit passer aussi par le point de vue, elle sera RI. La perspective de la seconde droite devant passer par le point de distance D (qui

est le point de concours de toutes les lignes à 45° représentées sur le tableau), et par le point G, sera GD. Ainsi le
point *a* où nos deux droites se coupent sera la perspective
du point A; car RI représente AI, et DG représente AG,
et AI avec AG se croisent au point A.

Le point de distance D se trouve en menant par le point
O la ligne OK à 45°, ou parallèle à AG, et prenant RD égale
à HK, ou, ce qui est la même chose, égale à HO, distance
de l'observateur au tableau, considération qui a fait donner
au point de concours D des lignes à 45°, le nom de *point de
distance*.

Maintenant, si nous remarquons que l'on peut obtenir
le point G en traçant du point I, comme centre, un quart
de cercle avec AI pour rayon, et que la distance RD, égale
à HO, est prise arbitrairement par celui qui opère, sans
qu'il soit nécessaire de construire le triangle OHK, nous
verrons que, pour mettre un point en perspective, *il faut de
de ce point A* (fig. 3), *abaisser une perpendiculaire AI sur
la base du tableau, rabattre le point A en G, joindre le
point I avec le point de vue R, et le point G avec le point
de distance D; l'intersection* a *des deux droites IR et GD
est la perspective du point A.*

Quand on rabat le point A à gauche en G', il faut mener
la droite G'D' au second point de distance D', parce que
G'D' est la perspective de la seconde ligne à 45° que l'on
peut mener par le point A. Les trois lignes RI, DG, D'G',
devant passer par le même point *a*, on a un moyen de vérification pour la détermination de ce point.

(e) Pour mettre une figure rectiligne en perspective, il
n'y a qu'à répéter pour tous les sommets la construction
précédente, en sorte que la règle est celle-ci : *Projetez tous
les sommets de la figure sur la base du tableau, et joignez
ces points projetés avec le point de vue par des lignes droites;
rabattez ensuite sur la même base les diverses perpendicu-*

laires, et joignez les sommets rabattus avec celui des points
de distance qui se trouve du côté opposé à celui où le ra-
battement s'est fait. Les intersections de ces lignes avec celles
qui, parmi les premières, leur correspondent, donnent les
perspectives des sommets de la figure, et par conséquent celle
de la figure elle-même.

(*f*) Le dessin géométral, ou la figure que l'on veut représenter, se confondrait avec le dessin perspectif, si on la tra-
çait dans le tableau; c'est pourquoi on préfère retourner la
figure pour la placer en dehors du tableau, comme on le voit
au triangle ABC (fig. 4). Il suffit en effet que les distances Aa,
Bb, Cc, soient égales aux distances A'a, B'b, C'c, pour que
l'application de la règle précédente conduise aux mêmes ré-
sultats, soit que l'on parte de la figure A'B'C' supposée derrière le tableau, soit que l'on parte de la figure symétrique
ABC supposée devant le tableau; avec cette différence,
toutefois, que dans le second cas il y a moins de confusion,
parce que la figure perspective se trouve séparée de la figure
géométrale.

(*g*) Lorsque les méthodes précédentes sont appliquées à
des figures régulières, telles que le carré, l'hexagone, le cercle, elles conduisent à des constructions particulières extrêmement simples, où il est possible de se passer du dessin
géométral, en tout ou en partie; et ce sont ces méthodes
expéditives qui sont principalement utiles aux artistes : elles
sont trop connues pour que je les rappelle ici. Je me contenterai de dire que les moyens employés pour trouver les
points de concours accidentels, reviennent toujours à mener,
par l'œil de l'observateur, des parallèles aux différens systèmes
de lignes que l'on veut représenter, et à chercher les points
où ces droites vont percer le tableau. C'est ainsi que, dans
les parquets à compartimens hexagonaux, les points de concours se déterminent par des constructions qui tiennent aux
propriétés de l'hexagone, et qui s'expliquent en menant par

l'œil des lignes parallèles aux côtés et aux diagonales de la figure.

(*h*). Il est facile, lorsque l'on a deux droites AS, AT (fig. 5), sur un tableau, de trouver l'angle que font réellement entre elles les droites que les premières représentent. Pour cela, on élève sur la ligne XY et par le point de vue R la perpendiculaire RO que l'on fait égale à RD; alors le point O donne la position de l'œil de l'observateur, dans le rabattement du plan horizontal dont XY est la trace. Si nous joignons ensuite les points S et T, où nos deux droites coupent la ligne d'horizon, avec le point O, on aura les deux lignes OS et OT qui comprendront entre elles l'angle demandé. En effet, en supposant le plan OXY relevé, la ligne OS est celle qui, menée par l'œil de l'observateur, va percer le tableau en S, point de concours du système de droites dont AS fait partie; elle est donc parallèle aux droites de ce système, et en particulier à celle dont AS est la perspective. J'en dis autant de OT par rapport à AT: OT est parallèle à la droite que AT représente; donc l'angle SOT est bien l'angle demandé.

(*i*). Réciproquement, une droite AS étant donnée dans un tableau, on en peut mener une autre AT par un point quelconque A, qui fasse avec la première un angle donné. Il n'y a pour cela qu'à mettre l'œil en position par le rabattement du plan XOY, mener la ligne SO par l'œil O et par le point de concours S de la ligne AS, c'est-à-dire du système dont AS fait partie; après quoi on fait l'angle SOT égal à l'angle voulu, et l'on a le point de concours T de la ligne cherchée, laquelle est par conséquent AT. Ce problème a son application lorsqu'il s'agit de représenter un bâtiment rectangulaire dans une position *accidentelle*, et que la direction de la première face est donnée, car il faut que la seconde fasse avec elle un angle droit; alors l'angle SOT est fait droit, et l'angle SAT représente cet angle droit.

(77)

Je ne m'étendrai pas davantage sur cet objet. Ce qui précède suffit pour faire voir que l'on peut démontrer les opérations de la Perspective d'une manière tout aussi rigoureuse que celles de la Géométrie.

Manière de ramener le cas où les figures géométrales sont données dans des plans quelconques à celui où elles sont données dans le plan horizontal.

(*k*) Je ne sache pas qu'on ait donné jusqu'à présent des méthodes simples pour changer le point de vue et les points de distance, de telle sorte, que les opérations à faire pour mettre en perspective les figures tracées sur des plans quelconques se ramènent à celles du cas ordinaire, qui est celui où les figures géométrales sont supposées sur le plan horizontal. Je vais indiquer celles que j'ai trouvées, en commençant par le plan vertical.

PREMIER CAS. *La figure étant donnée dans un plan vertical quelconque.*

(*l*) Soit AB (fig. 6), l'intersection du plan vertical donné avec le tableau, ou, en d'autres termes, sa trace verticale; soit AS la perspective de sa trace horizontale, ligne qui détermine l'angle de direction du plan.

Par l'œil de l'observateur, nous mènerons un plan parallèle au plan de la figure, lequel coupera le tableau suivant une ligne verticale X′ Y′, qui passera par le point S. En effet, si nous mettions l'œil en position, et si nous menions la ligne SO, elle serait parallèle à la droite que AS représente. Or cette dernière est dans le plan donné; donc OS est dans le plan cherché: de plus, ce plan est vertical; donc son intersection avec le tableau est la ligne X′ Y′, verticale et passant par le point S où la ligne OS perce le tableau, qui est le même que celui où la ligne donnée AS coupe la ligne d'horizon XY.

C'est sur la ligne X′ Y′ que se trouveront tous les points de concours des systèmes de droites parallèles tracées sur le plan vertical BAS; car, pour les trouver, il faudrait mener par l'œil de l'observateur des droites parallèles à ces systèmes, et chercher les points où elles percent le tableau : or, ces droites seront nécessairement dans le plan vertical dont X′ Y′ est la trace, puisque celui-ci est parallèle au plan donné ; donc elles perceront le tableau sur X′ Y′. En particulier, celle qui sera horizontale viendra en S ; ainsi S est le point de concours de toutes les lignes horizontales situées dans le plan donné, toutes parallèles à la droite que AS représente, ou, si l'on veut, perpendiculaires à AB. Ainsi le le point S joue le même rôle par rapport à AB, que le point R par rapport à AC.

Quant aux lignes qui font avec AB des angles de 45°, on trouve leurs points de concours T et T′, en prenant SO′ égale à SO et menant O′T, O′T′ à 45° sur X′ Y′, ou, ce qui revient au même, en traçant du point S comme centre, et avec SO pour rayon, un arc qui, par ses intersections avec X′ Y′, donne les points cherchés. C'est en effet en O′ que se rabattrait l'œil O, lorsqu'on ferait tourner le plan que nous venons de construire autour de sa trace X′ Y′ pour le coucher sur le tableau ; et dans ce rabattement, les lignes O′T, O′T′ sont les droites menées par l'œil, parallèlement à celles qui, dans le plan donné, font avec AB des angles de 45° : donc les points T et T′ sont les points de concours des perspectives de ces droites.

Il résulte de là que si l'on veut considérer la ligne AB comme la base du tableau, la ligne X′ Y′ comme la ligne d'horizon, les points S, T et T′, comme le point de vue et les deux points de distance, les opérations nécessaires pour mettre en perspective une figure quelconque tracée sur le plan vertical BAS seront absolument les mêmes que pour mettre en perspective les figures tracées sur le plan horizontal; c'est-à-dire qu'après s'être donné, à gauche de AB, la figure qu'il s'agit de représenter, on abaissera de tous les angles de cette figure des perpendiculaires sur AB; on joindra les pieds de ces perpendiculaires avec le point de vue S, puis on les rabattra d'un côté, et l'on joindra leurs extrémités avec le point de distance T ou T′ qui se trouvera du côté opposé; ces dernières droites couperont leurs correspondantes parmi les premières en des points qui seront les perspectives des angles de la figure donnée.

Ainsi l'opération préalable pour mettre en perspective une figure donnée dans un plan vertical quelconque, est de changer de point de vue et de distance. Voici donc, d'après ce qui précède et en résumé, la règle à suivre :

Par le point S (fig. 7) où la ligne donnée AS coupe la ligne d'horizon, menez la verticale X′ Y′ ; par le point de vue R menez-lui la parallèle RO égale à RD ; enfin, du point S, comme centre, avec SO pour rayon, tracez l'arc OT qui vous donnera le nouveau point de distance T qui, avec le point de vue S, servira à trouver la perspective de toute figure donnée dans le plan BAS, en prenant AB pour la base du tableau.

(m) Si le plan vertical donné BAS est en même temps perpendiculaire au tableau, la ligne AS passe par le point de vue ; alors la ligne X′ Y′ y passe aussi, et l'on a ST ou SO égale à RO ; c'est-à-dire que dans ce cas particulier le nouveau point de distance T est éloigné du point de vue S (qui se confond alors avec l'ancien) d'une quantité égale à RD, ou à la distance de l'œil de l'observateur au tableau; en sorte que les figures à représenter, se trouvant dans le plan horizontal ou dans le plan vertical perpendiculaire au tableau, les opérations pour les mettre en perspective sont identiquement les mêmes, en prenant ou la base du tableau ou son côté, pour base des constructions.

(*n*) Quand le plan vertical des figures à représenter est en même temps parallèle au tableau, sa trace perspective AS est parallèle à la ligne d'horizon, et par conséquent ne la rencontre pas : donc la ligne X′ Y′ ne peut pas se construire; et les systèmes de lignes parallèles situées dans le plan vertical donné restent parallèles en perspective, puisque leurs points de concours, qui devraient être sur X′ Y′, ne sauraient se trouver, ou, en d'autres termes, sont situés à l'infini. Ainsi toutes les lignes de la figure perspective resteront parallèles aux lignes correspondantes de la figure géométrale; *donc la perspective sera semblable à la figure géométrale.*

On arrive à la même conclusion par la considération que les sections faites par des plans parallèles dans des pyramides ou dans des cônes sont des figures semblables. Or, dans le cas que nous examinons, la figure donnée et sa perspective ne sont autre chose que les intersections du plan de la figure et du plan du tableau avec une pyramide ou un cône, dont le sommet est l'œil, et ces plans sont parallèles; donc, etc.

DEUXIÈME CAS. *La figure étant donnée dans un plan incliné d'une manière quelconque.*

(*o*) Les constructions nécessaires pour ramener ce cas général à celui des figures tracées sur le plan horizontal, sont encore assez simples pour être pratiquées avec avantage, comme on va voir.

Soit AB (fig. 8) l'intersection avec le tableau du plan de la figure à représenter, et AQ la perspective de la trace horizontale de ce plan; il est clair que le point Q est alors le point de concours des lignes horizontales de notre plan, puisque ces horizontales sont parallèles à sa trace. Si donc

nous menons, par le point Q , la ligne X′ Y′ parallèle à AB
ce sera notre nouvelle ligne d'horizon quand nous pren-
drons AB pour base des constructions; car si par l'œil on
mène un plan parallèle au plan donné , il coupera le tableau
suivant X′ Y′, le point Q étant en effet celui où une droite
menée par l'œil, parallèlement aux horizontales de notre
plan, vient percer le tableau. Il ne s'agit plus que de trouver le nouveau point de vue S et le nouveau point de distance T. Pour cela, je rabats le plan de la figure sur le tableau,
en le faisant tourner autour de AB comme charnière, et je
considère un point quelconque K dans ce plan rabattu , par
lequel je fais passer deux droites , l'une KI, perpendiculaire
à AB, et l'autre KG, formant avec cette trace un angle de 45°.

Si de même je rabats le plan parallèle à celui de la
figure , en le faisant tourner autour de sa trace X′ Y′, l'œil de
l'observateur se trouvera, après le rabattement, en un
point O′ sur la ligne RS perpendiculaire à X′ Y′, et à une
distance SO′, égale à la distance réelle de l'œil au point S.
On a cette distance en élevant la perpendiculaire RP sur
la ligne RS, et en faisant RP égale à RO ou RD : l'hypothénuse SP donne ce qu'on cherche.

Le point O′ étant trouvé, on mène la ligne O′T parallèle
à KG, c'est-à-dire à 45°, et le point T est le point de distance
demandé.

On peut remarquer maintenant que le même arc de
cercle qui donne O′ passe aussi par le point T, et qu'en conséquence la ligne O′T n'est pas nécessaire ; et comme les lignes
KI et KG ne sont que pour la démonstration, on peut aussi
les supprimer. En sorte que pour changer de point de vue et
de point de distance, et ramener le cas du plan incliné à
celui du plan horizontal, la règle à suivre est celle-ci :
*Après avoir tracé par le point Q et parallèlement à AB, la
ligne X′ Y′ (fig. 9), on abaisse du point de vue R la perpendiculaire RS sur cette droite, d'où résulte le nouveau*

6

point de vue S. On élève sur RS une perpendiculaire RP égale à RD. Ensuite du point S comme centre, avec SP pour rayon, on trace un arc qui, par son intersection avec X' Y', donne le nouveau point de distance T.

Il est facile de voir que lorsque AB devient vertical, ces constructions se réduisent à celles du cas précédent.

Ainsi donc, quel que soit le plan sur lequel les figures à mettre en perspective soient données, on pourra toujours, par des opérations préalables, changer les points de vue et de distance, puis opérer comme si ces figures étaient sur le plan horizontal. Ces règles pourraient, par exemple, être employées pour mettre en perspective une croix inclinée, les roues d'une voiture qui verse, etc. Il faut toutefois de la sagacité pour les employer avec succès.

FIN.

TABLE.

NOTES.

FIN DE LA TABLE.

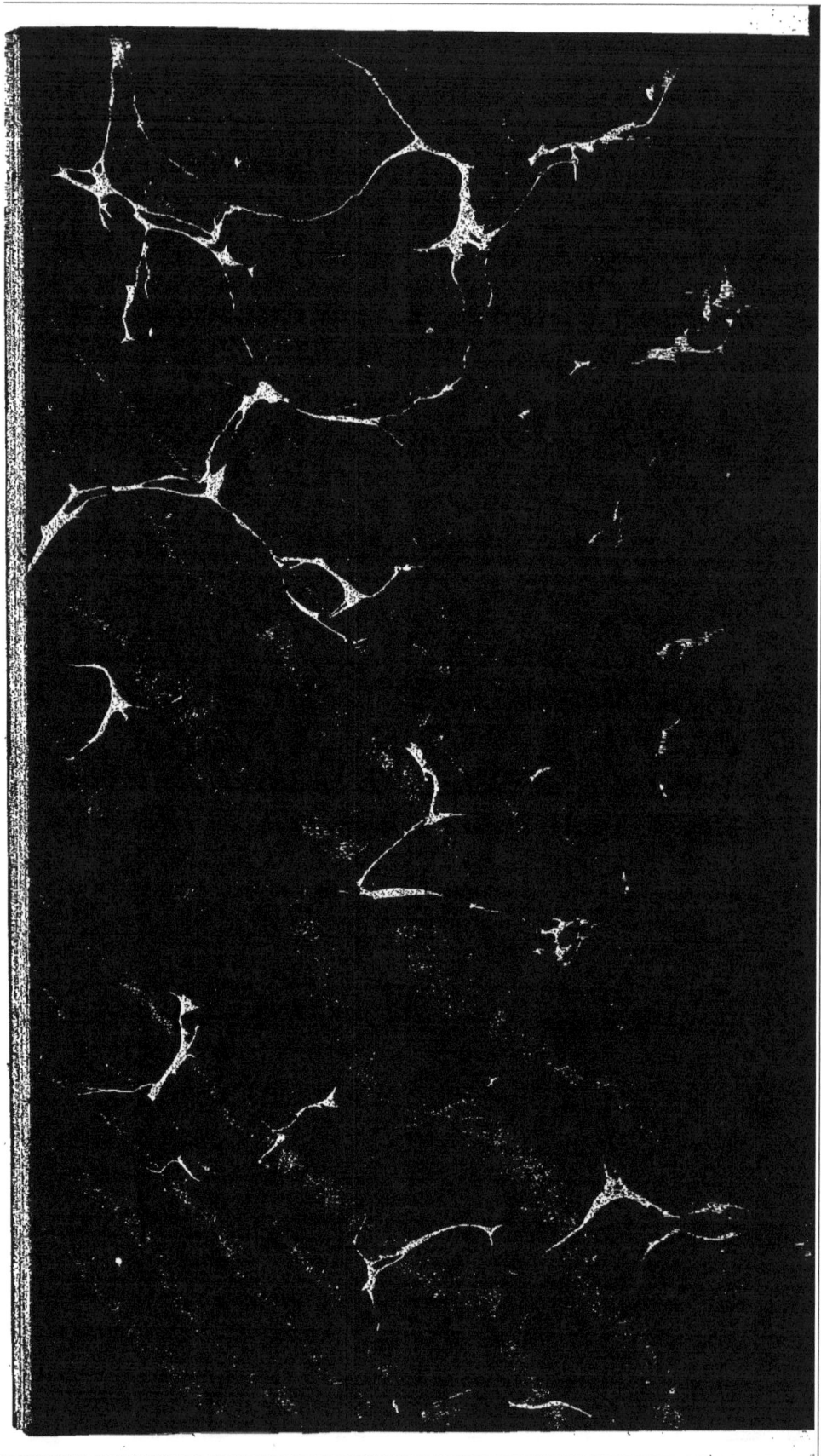

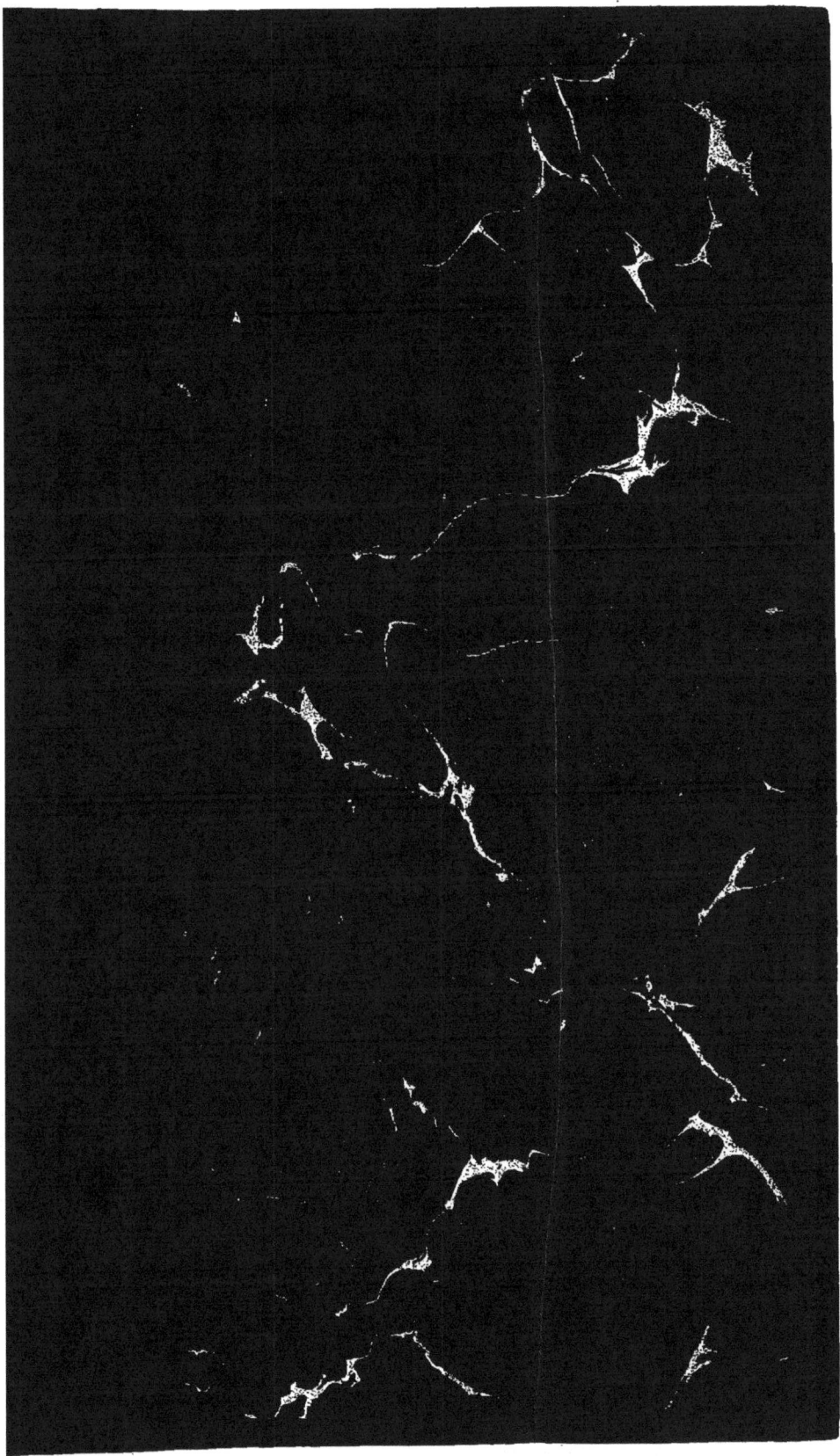

www.ingramcontent.com/pod-product-compliance
Lightning Source LLC
Chambersburg PA
CBHW071524200326
41519CB00019B/6060